RISK MAPS FOR METEOROLOGICAL DISASTER WARNING

黑龙江省气象灾害预警风险图集

陈农 周莹 著

哈爾濱工業大學出版社
HARBIN INSTITUTE OF TECHNOLOGY PRESS

内 容 简 介

本书利用黑龙江省突发事件预警信息发布系统的数据库资料，分析了 2018—2023 年黑龙江省 83 个气象台站首发、更新的气象灾害预警信号以及次生、衍生灾害预警，并根据历史发布的月、季、年预警频次和等级，通过层次分析法、百分位数法、克里金插值法进行权重和风险等级划分，以图形方式给出不同类型的气象灾害预警风险等级时空分布特征，为防灾减灾提供参考。

本书资料翔实，数据可靠，具有较强的实用性，可供气象、地理、农林等相关专业的科研人员及政府决策管理者参考。

图书在版编目(CIP)数据

黑龙江省气象灾害预警风险图集/ 陈农，周莹著. 哈尔滨：哈尔滨工业大学出版社，2025.5. — ISBN 978-7-5767-1709-9

I.P457-64

中国国家版本馆CIP数据核字第20240RQ861号

责任编辑　张　荣
出版发行　哈尔滨工业大学出版社
社　　址　哈尔滨市南岗区复华四道街10号　邮编150006
传　　真　0451-86414749
网　　址　http://hitpress. hit. edu. cn
印　　刷　哈尔滨市石桥印务有限公司
开　　本　787 mm×1 092 mm　1/16　印张 10.5　字数 151千字
版　　次　2025年5月第1版　2025年5月第1次印刷
书　　号　ISBN 978-7-5767-1709-9
定　　价　78.00元
审 图 号　黑S（2024）36号

前　言

随着社会的发展，气象服务已从传统的阴晴冷暖提醒转变为精细化、专业化、多元化的服务模式，成为保障生命安全、服务防灾减灾、助力经济社会高质量发展的重要支撑。

黑龙江省地处气候变化敏感区，是全国气候变暖最显著的区域之一。多年来，黑龙江省气象部门始终坚守在防灾减灾的第一线，积极应对极端天气气候事件带来的风险与挑战，气象灾害预警从无到有，从有到精，与气象次生及衍生相关灾害风险对应得较好，已经成为生产生活、防灾减灾不可缺少的重要决策依据之一。及时准确地发布预警信息，对于提前采取有效的防范措施，最大限度地保障人民群众生命财产安全，减轻各种灾害、灾难、社会安全事件造成的损失和影响具有重要的意义。

早期预警不能只依靠预报准确率的提高，还需要政策、科技等多个层面的支撑，气象灾害预警信息的评估应聚焦极端灾害性天气和关键影响区域，在时间提前量、空间精细度和内容针对性上力求新突破，强化高影响气象灾害预警服务，完善气象灾害预警高风险区域，以防为主、未发先防，充分发挥气象防灾减灾的基础性和先导性作用。同时，各地发生的气象灾害具有一定的规律性和周期性，这与当地的天气气候特征具有较好的相关性。

本书通过分析和统计黑龙江省过往的预警信息发布情况，明确了不同灾种的气象灾害预警风险范围，旨在为探索气象灾害更早期的预警以及提高防灾减灾能力提供参考。

由于作者水平有限，书中难免有疏漏之处，请读者和专家批评指正。

作　者

2025年3月

目　录

第 1 章

黑龙江省气候概述

1.1 黑龙江省地理位置

黑龙江省是我国位置最北、纬度最高的省份，其地理位置介于北纬43°26'至北纬53°33'、东经121°11'至东经135°05'之间。北部和东部以黑龙江和乌苏里江为界与俄罗斯相望，西部与内蒙古自治区毗邻，南部与吉林省接壤，南北相距1 120 km，跨10个纬度，东西相距930 km，跨14个经度、3个湿润区。

1.2 黑龙江省主要气候特征

黑龙江省属中温带与寒温带大陆性季风气候，是我国气温最低的省份，冬季受极地大陆气团控制，气候严寒、干燥，冬季漫长；夏季受副热带海洋气团的影响，气候温热，降水集中，雨热同季；春、秋两季气候多变，春季风多、雨少，易发生干旱；秋季短促，降温急剧，霜冻较早。近30年气候平均状况表明，黑龙江省年平均气温为-4.5 ~ 5.8 ℃，年平均降水量为397 ~ 655 mm，无霜期为108 ~ 170 d。

黑龙江省年平均气温从东南向西北逐渐递减，具有明显的纬向分布特征。大兴安岭地区年平均气温在0 ℃以下，其中漠河县年平均气温为-4 ℃,是全省气温最低区域,齐齐哈尔西南部、大庆南部、绥化南部、哈尔滨及三江平原大部、牡丹江等地年平均气温为3.0～5.8 ℃,牡丹江东宁县年平均气温为5.8 ℃,是全省平均气温最高的区域。

黑龙江省年降水量分布区域性特征显著。总体上东部多、西部少,中部山区最多。降水中心在小兴安岭南部和张广才岭山地,年平均降水量在600 mm以上,其中尚志市年平均降水量最多,达656.5 mm,东部三江平原和东南部半山区为500～550 mm,西南部地区和大兴安岭北部地区为400～500 mm,其中泰来年平均降水量最少,不足400 mm。

1.3 黑龙江省四季气候特点

春季(3—5月)是黑龙江省冬、夏季风交替的季节,天气多变,气温变化大,降水少,多大风,空气干燥。黑龙江省各地春季平均气温为-1.0～7.0 ℃。各地春季降水量为50～115 mm,占全年降水量的12%～20%,表现为东部多、西部少。

夏季(6—8月),黑龙江省盛行东南季风,气候温热、雨量充沛。全省各地夏季平均气温为16～23 ℃。各地夏季降水量为250～425 mm,占全年降水量的54%～73%。

秋季(9—11月),黑龙江省夏季风衰退,气温迅速下降,降水量减少。全省各地秋季平均气温为2.6～11.8 ℃。各地秋季降水量为47～120 mm,东部多、西部少,占全年总降水量的12%～19%。

冬季(12月至次年2月)受干冷的极地大陆气团控制,黑龙江省气温低,降水少,气候寒冷、干燥。全省各地冬季平均气温为-24.5～ -9.0 ℃。各地冬季降水量为 8～47 mm,占全年降水量的2%～8%,表现为西部少、东部多。

第 2 章

黑龙江省主要气象灾害预警风险评估说明

2.1 气象灾害预警风险评估概述

黑龙江省气象灾害预警风险评估资料来源于黑龙江省突发事件预警信息发布系统数据库，选取2018—2023年黑龙江省83个气象台站发布的17类预警信息数据，包括与其他部门联合发布的4类预警(这4类预警将在第8章介绍)，在统计过程中，剔除了全省月发布少于10次的预警。

黑龙江省沙尘暴较少，多数是扬沙和浮尘，且发布的范围相对较小，所以将该类预警风险统一定义为沙尘。对于黑龙江省部分地市区划、发布职责、预警发布名称等出现调整情况，以实际落区及类别为准。

黑龙江省主要气象灾害预警风险评估体系的建立：根据黑龙江省发布的月、季、年预警频数、强度来构造判断矩阵，由此计算预警发布的风险指数，通过层次分析法、百分位数法、克里金插值法进行分级，以图形方式给出不同类型的气象灾害预警风险等级。

2.2 大风

大风灾害预警风险评估模型构建的因子包括大风红色预警、大风橙色预警、大风黄色预警和大风蓝色预警，对各级别的预警指标进行归一化，加权综合，建立大风灾害预警风险评估模型如下：

$$HW=\left(\sum_{i=1}^{n}RE_1\times RW\right)+\left(\sum_{j=1}^{m}OE_1\times OW\right)+\left(\sum_{k=1}^{a}YE_1\times YW\right)+\left(\sum_{l=1}^{b}BE_1\times BW\right)$$

式中　HW——大风预警风险指数；

RW、OW、YW、BW——权重；

RE_1——大风红色预警；

OE_1——大风橙色预警；

YE_1——大风黄色预警；

BE_1——大风蓝色预警。

大风灾害预警风险分级：依据大风灾害预警风险评估结果，采用百分位数法、克里金插值法对空间行政单元进行风险划分，将大风灾害预警风险划分为低、中、高共3个风险等级，具体见表2.1。

表2.1　大风灾害预警风险等级划分表

百分位数范围	风险指数范围	风险级别
$P<80\%$	1	低风险
$80\%\leqslant P<90\%$	2	中风险
$P\geqslant 90\%$	3	高风险

2.3 暴雨

暴雨灾害预警风险评估模型构建的因子包括暴雨红色预警、暴雨橙色预警、暴雨黄色预警和暴雨蓝色预警，对各级别的预警指标进行归一化，加权综合，建立暴雨灾害预警风险评估模型如下：

$$TW=\left(\sum_{i=1}^{n}RE_2\times RW\right)+\left(\sum_{j=1}^{m}OE_2\times OW\right)+\left(\sum_{k=1}^{a}YE_2\times YW\right)+\left(\sum_{l=1}^{b}BE_2\times BW\right)$$

式中 TW——暴雨预警风险指数；

RW、OW、YW、BW——权重；

RE_2——暴雨红色预警；

OE_2——暴雨橙色预警；

YE_2——暴雨黄色预警；

BE_2——暴雨蓝色预警。

暴雨灾害预警风险分级：依据暴雨灾害预警风险评估结果，采用百分位数法、克里金插值法对空间行政单元进行风险划分，将暴雨灾害预警风险划分为低、中、高共3个风险等级，具体见表2.2。

表2.2 暴雨灾害预警风险等级划分表

百分位数范围	风险指数范围	风险级别
$P < 80\%$	1	低风险
$80\% \leqslant P < 90\%$	2	中风险
$P \geqslant 90\%$	3	高风险

2.4 冰雹

冰雹灾害预警风险评估模型构建的因子包括冰雹红色预警和冰雹橙色预警，对各级别的预警指标进行归一化，加权综合，建立冰雹灾害预警风险评估模型如下：

$$RS = \left(\sum_{i=1}^{n} RE_3 \times RW\right) + \left(\sum_{j=1}^{m} OE_3 \times OW\right)$$

式中 RS——冰雹预警风险指数；

RW、OW——权重；

RE_3——冰雹红色预警；

OE_3——冰雹橙色预警。

冰雹灾害预警风险分级：依据冰雹灾害预警风险评估结果，采用百分位数法、克里金插值法对空间行政单元进行风险划分，将冰雹灾害预警风险划分为低、中、高共3个风险等级，具体见表2.3。

表2.3 冰雹灾害预警风险等级划分表

百分位数范围	风险指数范围	风险级别
$P<80\%$	1	低风险
$80\%\leqslant P<90\%$	2	中风险
$P\geqslant 90\%$	3	高风险

2.5 暴雪

暴雪灾害预警风险评估模型构建的因子包括暴雪红色预警、暴雪橙色预警、暴雪黄色预警和暴雪蓝色预警，对各级别的预警指标进行归一化，加权综合，建立暴雪灾害预警风险评估模型如下：

$$SW=\left(\sum_{i=1}^{n}RE_4\times RW\right)+\left(\sum_{j=1}^{m}OE_4\times OW\right)+\left(\sum_{k=1}^{a}YE_4\times YW\right)+\left(\sum_{l=1}^{b}BE_4\times BW\right)$$

式中 SW——暴雪预警风险指数；

RW、OW、YW、BW——权重；

RE_4——暴雪红色预警；

OE_4——暴雪橙色预警；

YE_4——暴雪黄色预警；

BE_4——暴雪蓝色预警。

暴雪灾害预警风险分级：依据暴雪灾害预警风险评估结果，采用百分位数法、克里金插值法对空间行政单元进行风险划分，将暴雪灾害预警风险划分为低、中、高共3个风险等级，具体见表2.4。

表 2.4　暴雪灾害预警风险等级划分表

百分位数范围	风险指数范围	风险级别
$P < 80\%$	1	低风险
$80\% \leqslant P < 90\%$	2	中风险
$P \geqslant 90\%$	3	高风险

2.6 道路结冰

道路结冰灾害预警风险评估模型构建的因子包括道路结冰红色预警、道路结冰橙色预警和道路结冰黄色预警，对各级别的预警指标进行归一化，加权综合，建立道路结冰灾害预警风险评估模型如下：

$$\mathrm{FW}=\left(\sum_{i=1}^{n}\mathrm{RE}_5\times\mathrm{RW}\right)+\left(\sum_{j=1}^{m}\mathrm{OE}_5\times\mathrm{OW}\right)+\left(\sum_{k=1}^{a}\mathrm{YE}_5\times\mathrm{YW}\right)$$

式中　FW——道路结冰预警风险指数；

RW、OW、YW——权重；

RE_5——道路结冰红色预警；

OE_5——道路结冰橙色预警；

YE_5——道路结冰黄色预警。

道路结冰灾害预警风险分级：依据道路结冰灾害预警风险评估结果，采用百分位数法、克里金插值法对空间行政单元进行风险划分，将道路结冰灾害预警风险划分为低、中、高共3个风险等级，具体见表2.5。

表 2.5　道路结冰灾害预警风险等级划分表

百分位数范围	风险指数范围	风险级别
$P < 80\%$	1	低风险
$80\% \leqslant P < 90\%$	2	中风险
$P \geqslant 90\%$	3	高风险

2.7 高温

高温灾害预警风险评估模型构建的因子包括高温红色预警、高温橙色预警和高温黄色预警，对各级别的预警指标进行归一化，加权综合，建立高温灾害预警风险评估模型如下：

$$HT=\left(\sum_{i=1}^{n}RE_6\times RW\right)+\left(\sum_{j=1}^{m}OE_6\times OW\right)+\left(\sum_{k=1}^{a}YE_6\times YW\right)$$

式中 HT——高温预警风险指数；

RW、OW、YW——权重；

RE_6——高温红色预警；

OE_6——高温橙色预警；

YE_6——高温黄色预警。

高温灾害预警风险分级：依据高温灾害预警风险评估结果，采用百分位数法、克里金插值法对空间行政单元进行风险划分，将高温灾害预警风险划分为低、中、高共3个风险等级，具体见表2.6。

表 2.6　高温灾害预警风险等级划分表

百分位数范围	风险指数范围	风险级别
$P<80\%$	1	低风险
$80\%\leqslant P<90\%$	2	中风险
$P\geqslant 90\%$	3	高风险

2.8 大雾

大雾灾害预警风险评估模型构建的因子包括大雾红色预警、大雾橙色预警和大雾黄色预警，对各级别的预警指标进行归一化，加权综合，建立大雾灾害预警风险评估模型如下：

$$FO=\left(\sum_{i=1}^{n}RE_7\times RW\right)+\left(\sum_{j=1}^{m}OE_7\times OW\right)+\left(\sum_{k=1}^{a}YE_7\times YW\right)$$

式中　FO——大雾预警风险指数；

RW、OW、YW——权重；

RE_7——大雾红色预警；

OE_7——大雾橙色预警；

YE_7——大雾黄色预警。

大雾灾害预警风险分级：依据大雾灾害预警风险评估结果，采用百分位数法、克里金插值法对空间行政单元进行风险划分，将大雾灾害预警风险划分为低、中、高共3个风险等级，具体见表2.7。

表 2.7　大雾灾害预警风险等级划分表

百分位数范围	风险指数范围	风险级别
$P<80\%$	1	低风险
$80\%\leqslant P<90\%$	2	中风险
$P\geqslant 90\%$	3	高风险

2.9 霜冻

霜冻灾害预警风险评估模型构建的因子包括霜冻橙色预警、霜冻黄色预警和霜冻蓝色预警，对各级别的预警指标进行归一化，加权综合，建立霜冻灾害预警风险评估模型如下：

$$FI=\left(\sum_{j=1}^{m}OE_8\times OW\right)+\left(\sum_{k=1}^{a}YE_8\times YW\right)+\left(\sum_{l=1}^{b}BE_8\times BW\right)$$

式中　FI——霜冻预警风险指数；

OW、YW、BW——权重；

OE_8——霜冻橙色预警；

YE_8——霜冻黄色预警；

BE_8——霜冻蓝色预警。

霜冻灾害预警风险分级：依据霜冻灾害预警风险评估结果，采用百分位数法、克里金插值法对空间行政单元进行风险划分，将霜冻灾害预警风险划分为低、中、高共3个风险等级，具体见表2.8。

表2.8　霜冻灾害预警风险等级划分表

百分位数范围	风险指数范围	风险级别
$P<80\%$	1	低风险
$80\%\leqslant P<90\%$	2	中风险
$P\geqslant 90\%$	3	高风险

2.10 沙尘

沙尘灾害预警风险评估模型构建的因子包括沙尘红色预警、沙尘橙色预警和沙尘黄色预警，对各级别的预警指标进行归一化，加权综合，建立沙尘灾害预警风险评估模型如下：

$$DW=\left(\sum_{i=1}^{n}RE_9\times RW\right)+\left(\sum_{j=1}^{m}OE_9\times OW\right)+\left(\sum_{k=1}^{a}YE_9\times YW\right)$$

式中　DW——沙尘预警风险指数；

RW、OW、YW——权重；

RE_9——沙尘红色预警；

OE_9——沙尘橙色预警；

YE_9——沙尘黄色预警。

沙尘灾害预警风险分级：依据沙尘灾害预警风险评估结果，采用百分位数法、克里金插值法对空间行政单元进行风险划分，将沙尘灾害预警风险划分为低、中、高共3个风险等级，具体见表2.9。

表 2.9 沙尘灾害预警风险等级划分表

百分位数范围	风险指数范围	风险级别
$P<94\%$	1	低风险
$94\%\leqslant P<98\%$	2	中风险
$P\geqslant 98\%$	3	高风险

2.11 霾

霾灾害预警风险评估模型构建的因子包括霾红色预警、霾橙色预警和霾黄色预警，对各级别的预警指标进行归一化，加权综合，建立霾灾害预警风险评估模型如下：

$$HA=\left(\sum_{i=1}^{n}RE_{10}\times RW\right)+\left(\sum_{j=1}^{m}OE_{10}\times OW\right)+\left(\sum_{k=1}^{a}YE_{10}\times YW\right)$$

式中 HA——霾预警风险指数；

RW、OW、YW——权重；

RE_{10}——霾红色预警；

OE_{10}——霾橙色预警；

YE_{10}——霾黄色预警。

霾灾害预警风险分级：依据霾灾害预警风险评估结果，采用百分位数法、克里金插值法对空间行政单元进行风险划分，将霾灾害预警风险划分为低、中、高共3个风险等级，具体见表2.10。

表 2.10　霾灾害预警风险等级划分表

百分位范围	风险指数范围	风险级别
$P < 80\%$	1	低风险
$80\% \leqslant P < 90\%$	2	中风险
$P \geqslant 90\%$	3	高风险

2.12 雷雨大风

雷雨大风灾害预警风险评估模型构建的因子包括雷雨大风红色预警、雷雨大风橙色预警和雷雨大风黄色预警，对各级别的预警指标进行归一化，加权综合，建立雷雨大风灾害预警风险评估模型如下：

$$TR=\left(\sum_{i=1}^{n}RE_{11}\times RW\right)+\left(\sum_{j=1}^{m}OE_{11}\times OW\right)+\left(\sum_{k=1}^{a}YE_{11}\times YW\right)$$

式中　TR——雷雨大风预警风险指数；

RW、OW、YW——权重；

RE_{11}——雷雨大风红色预警；

OE_{11}——雷雨大风橙色预警；

YE_{11}——雷雨大风黄色预警。

雷雨大风灾害预警风险分级：依据雷雨大风灾害预警风险评估结果，采用百分位数法、克里金插值法对空间行政单元进行风险划分，将雷雨大风灾害预警风险划分为低、中、高共3个风险等级，具体见表2.11。

表 2.11　雷雨大风灾害预警风险等级划分表

百分位数范围	风险指数范围	风险级别
$P < 80\%$	1	低风险
$80\% \leqslant P < 90\%$	2	中风险
$P \geqslant 90\%$	3	高风险

2.13 雷电

雷电灾害预警风险评估模型构建的因子包括雷电红色预警、雷电橙色预警和雷电黄色预警，对各级别的预警指标进行归一化，加权综合，建立雷电灾害预警风险评估模型如下：

$$TL=\left(\sum_{i=1}^{n}RE_{12}\times RW\right)+\left(\sum_{j=1}^{m}OE_{12}\times OW\right)+\left(\sum_{k=1}^{a}YE_{12}\times YW\right)$$

式中 TL——雷电预警风险指数；

RW、OW、YW——权重；

RE_{12}——雷电红色预警；

OE_{12}——雷电橙色预警；

YE_{12}——雷电黄色预警。

雷电灾害预警风险分级：依据雷电灾害预警风险评估结果，采用百分位数法、克里金插值法对空间行政单元进行风险划分，将雷电灾害预警风险划分为低、中、高共3个风险等级，具体见表2.12。

表 2.12 雷电灾害预警风险等级划分表

百分位数范围	风险指数范围	风险级别
$P<80\%$	1	低风险
$80\%\leqslant P<90\%$	2	中风险
$P\geqslant 90\%$	3	高风险

2.14 寒潮

寒潮灾害预警风险评估模型构建的因子包括寒潮红色预警、寒潮橙色预警、寒潮黄色预警和寒潮蓝色预警，对各级别的预警指标进行归一化，加权综合，建立寒潮灾害预警风险评估模型如下：

$$CW=\left(\sum_{i=1}^{n}RE_{13}\times RW\right)+\left(\sum_{j=1}^{m}OE_{13}\times OW\right)+\left(\sum_{k=1}^{a}YE_{13}\times YW\right)+\left(\sum_{l=1}^{b}BE_{13}\times BW\right)$$

式中　CW——寒潮预警风险指数；

RW、OW、YW、BW——权重；

RE_{13}——寒潮红色预警；

OE_{13}——寒潮橙色预警；

YE_{13}——寒潮黄色预警；

BE_{13}——寒潮蓝色预警。

寒潮灾害预警风险分级：依据寒潮灾害预警风险评估结果，采用百分位数法、克里金插值法对空间行政单元进行风险划分，将寒潮灾害预警风险划分为低、中、高共3个风险等级，具体见表2.13。

表 2.13　寒潮灾害预警风险等级划分表

百分位数范围	风险指数范围	风险级别
$P<80\%$	1	低风险
$80\%\leqslant P<90\%$	2	中风险
$P\geqslant 90\%$	3	高风险

第 3 章

黑龙江省月气象灾害预警风险图

3.1 1月气象灾害预警风险图

1月是黑龙江省最冷的月份，称为隆冬，寒冷且干燥。全省各地月平均气温为−28.7～−13.5 ℃。各地月平均降水量平均不足10 mm，降水分布自西南向东北递增。

黑龙江省1月主要气象灾害预警类型有暴雪、大风、大雾、道路结冰、寒潮、霾。大雾预警风险较高的是绥化大部分地区，道路结冰预警风险较高的是哈尔滨大部分地区，霾预警风险较高的地区是哈尔滨、绥化大部分地区以及大庆南部、牡丹江西南部分地区。黑龙江省1月各类预警风险分布如图3.1～3.6所示。

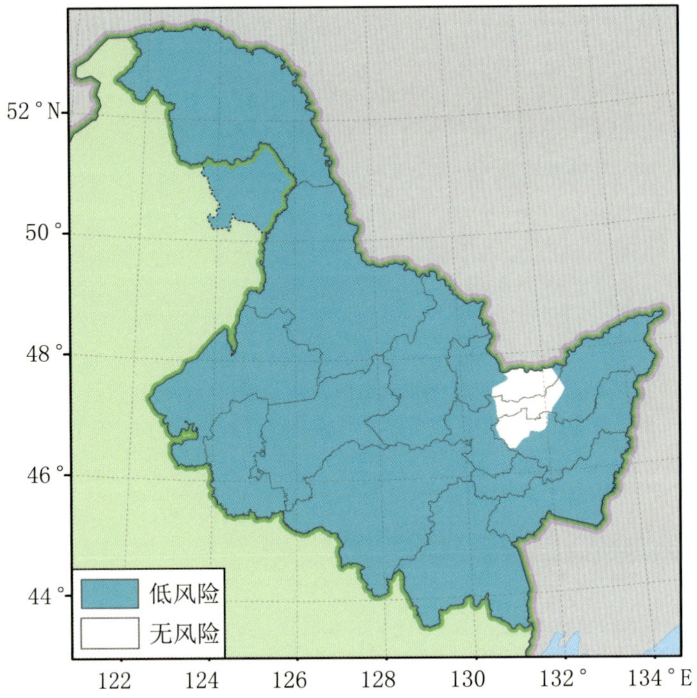

图 3.1　黑龙江省 1 月暴雪预警风险分布[①]

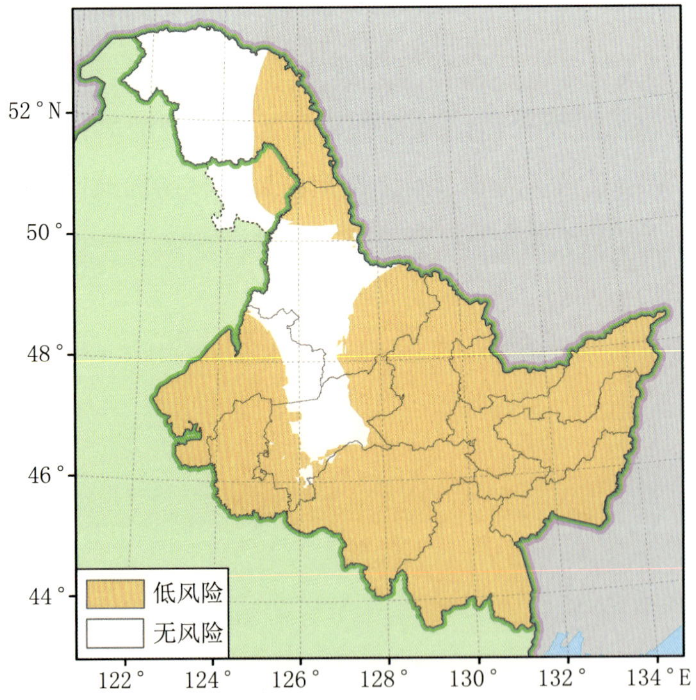

图 3.2　黑龙江省 1 月大风预警风险分布

①此类图的横坐标代表经度，纵坐标代表纬度。

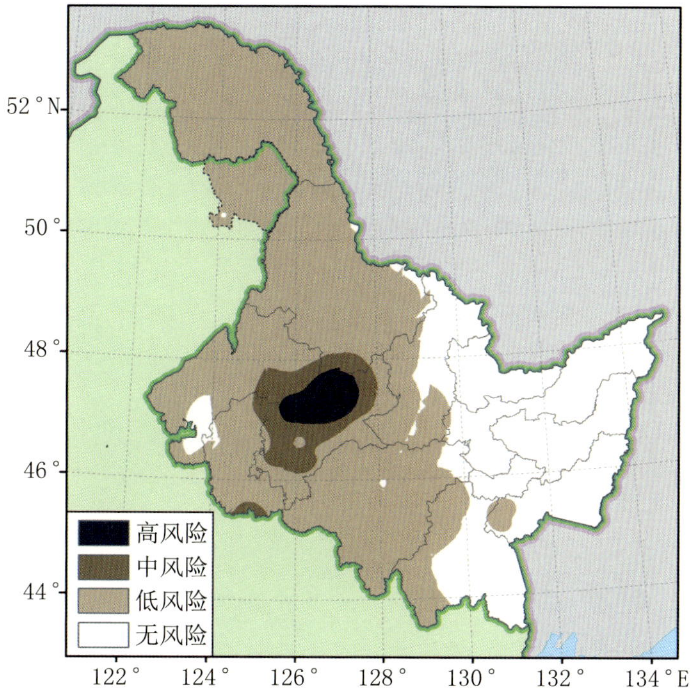

图 3.3　黑龙江省 1 月大雾预警风险分布

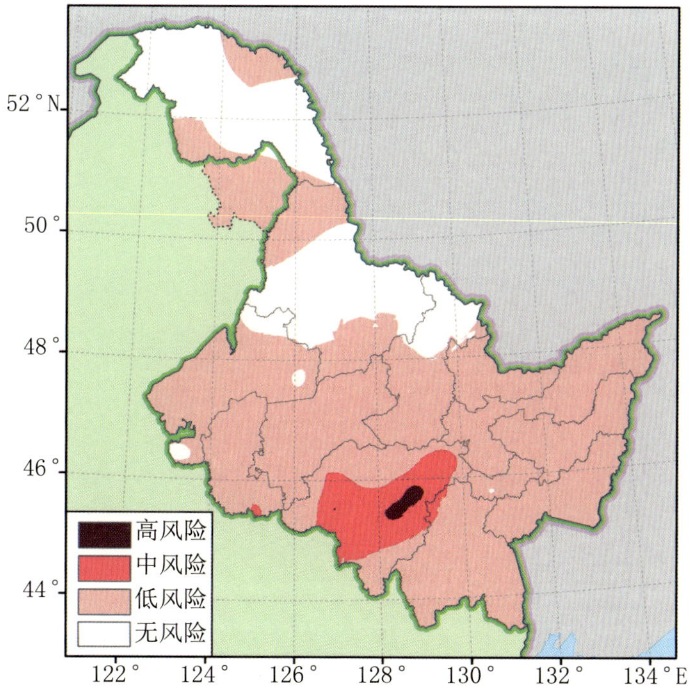

图 3.4　黑龙江省 1 月道路结冰预警风险分布

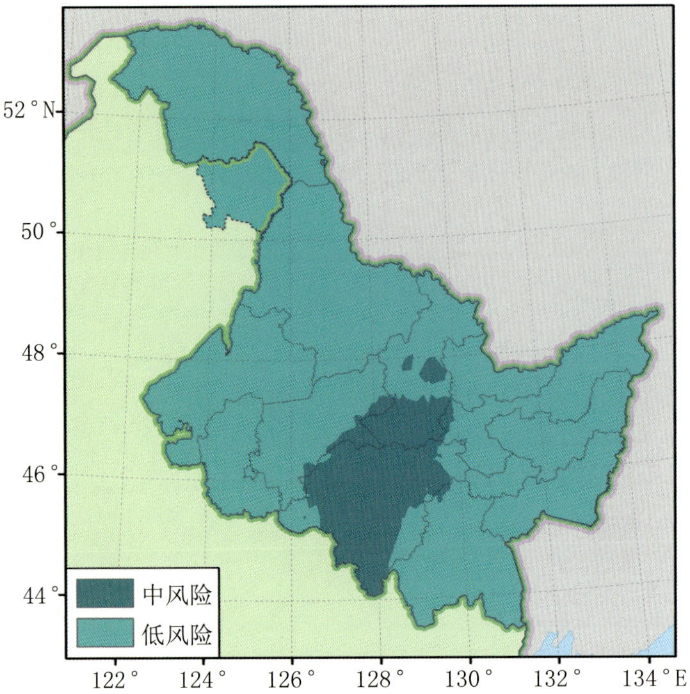

图 3.5 黑龙江省 1 月寒潮预警风险分布

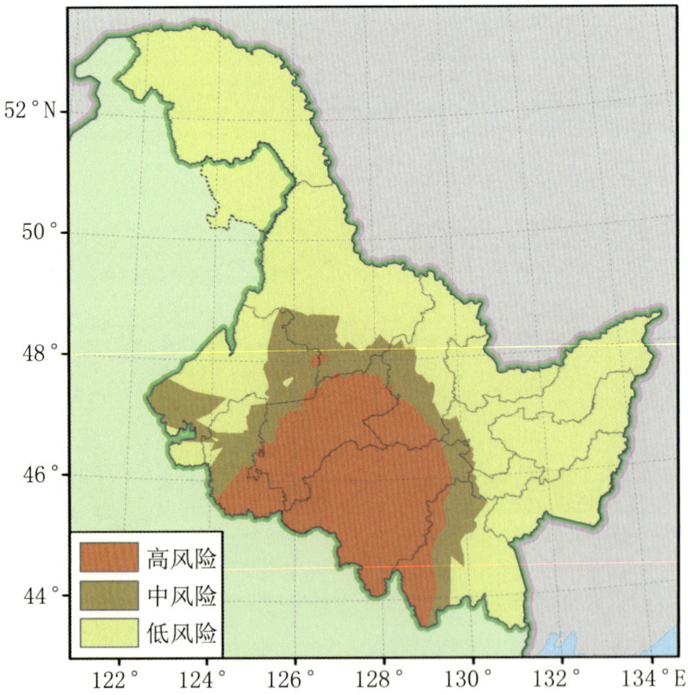

图 3.6 黑龙江省 1 月霾预警风险分布

3.2 2月气象灾害预警风险图

黑龙江省2月气温低，空气干燥。全省各地月平均气温为–23.8 ~ –9.1 ℃。各地月平均降水量均不足10 mm，降水分布自西南向东递增。

黑龙江省2月主要气象灾害预警类型有暴雪、大风、大雾、道路结冰、寒潮、霾。大雾预警风险较高的地区主要在绥化的部分市县，其中高风险地区为海伦、庆安；霾预警风险较高的是绥化大部分地区和佳木斯、鸡西的部分地区；寒潮预警风险较高的地区在绥化东部、大兴安岭东部，以及伊春大部分地区；大风、暴雪预警在全省处于低风险等级。黑龙江省2月各类预警风险分布如图3.7 ~ 3.12所示。

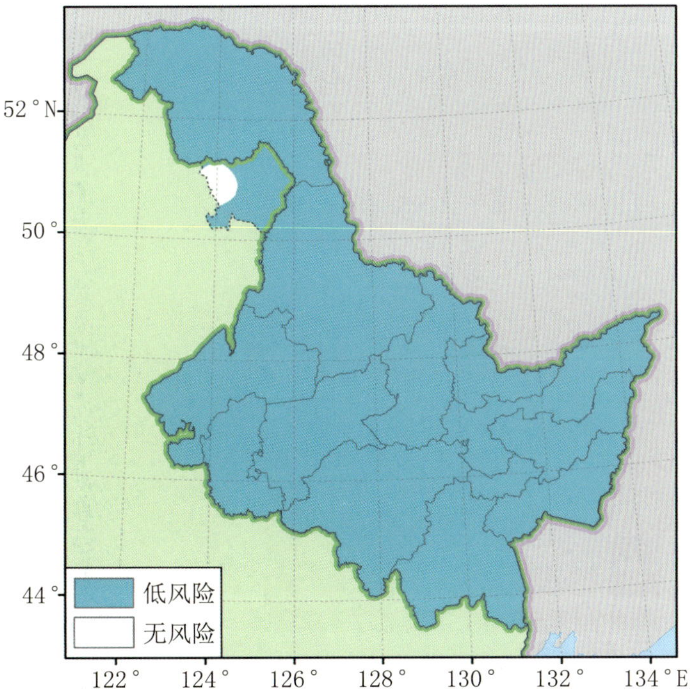

图 3.7 黑龙江省2月暴雪预警风险分布

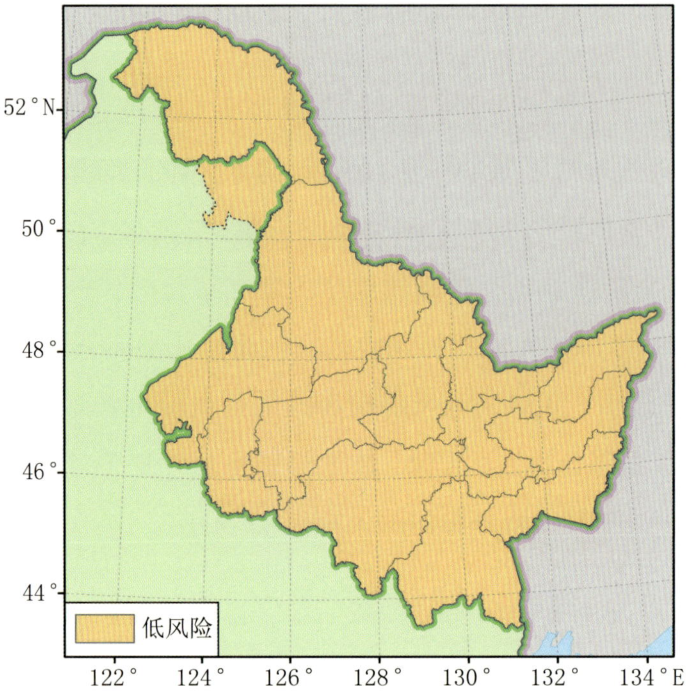

图 3.8　黑龙江省 2 月大风预警风险分布

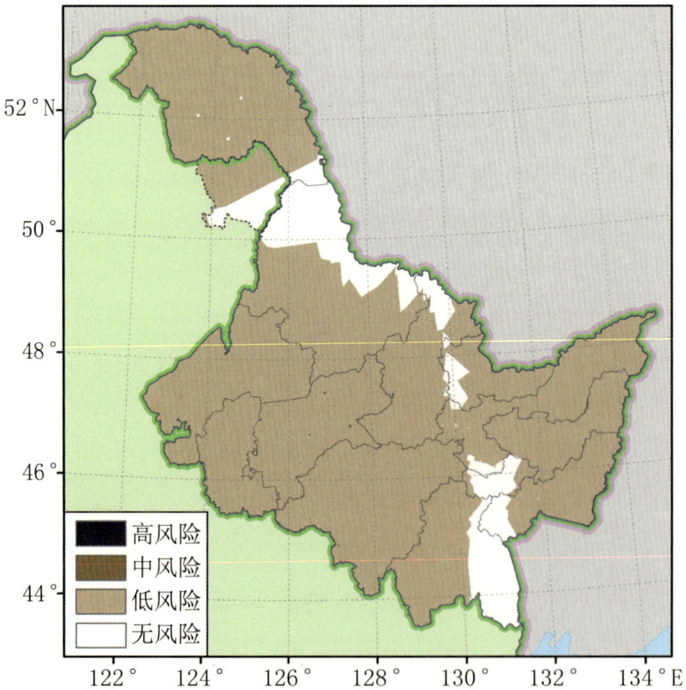

图 3.9　黑龙江省 2 月大雾预警风险分布

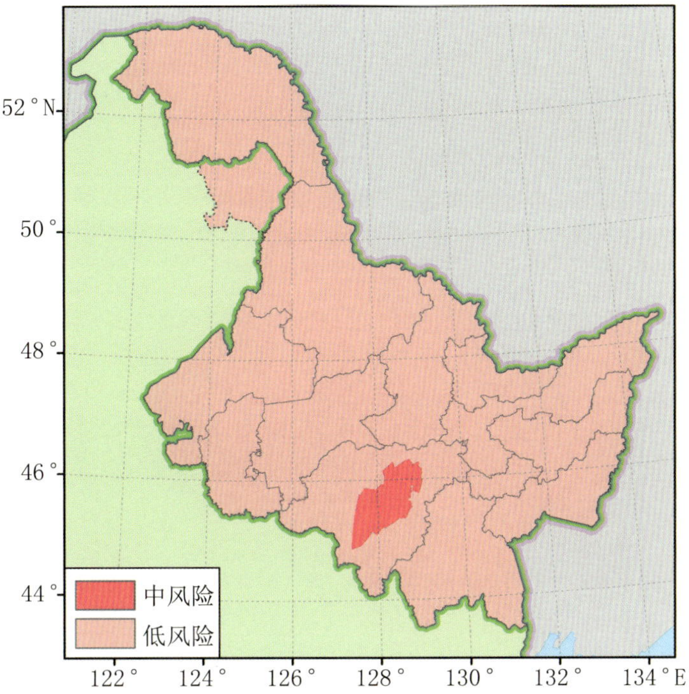

图 3.10　黑龙江省 2 月道路结冰预警风险分布

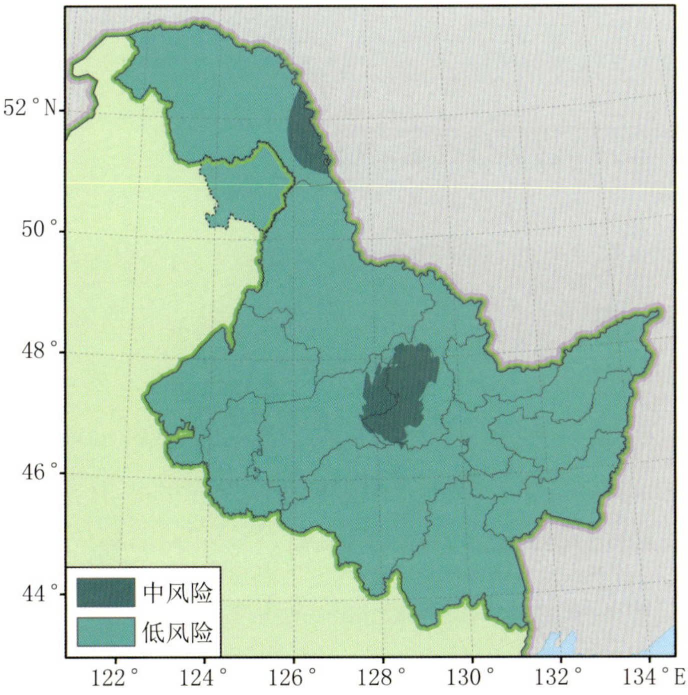

图 3.11　黑龙江省 2 月寒潮预警风险分布

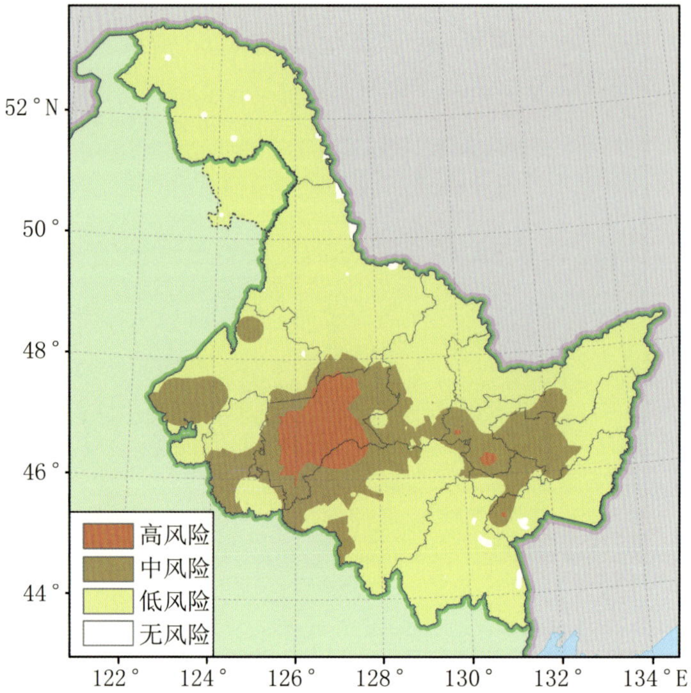

图 3.12　黑龙江省 2 月霾预警风险分布

3.3 3 月气象灾害预警风险图

黑龙江省3月气温低，仍干燥。全省各地月平均气温为-13.3 ~ -1.6 ℃。各地月平均降水量为5.3 ~ 19.1 mm，降水分布特点是西部少、东部多。

黑龙江省3月主要气象灾害预警类型有暴雪、大风、大雾、道路结冰、寒潮、霾、沙尘。大风预警风险较高的是哈尔滨部分地区，大雾预警风险较高的是绥化北部，道路结冰预警风险较高的是黑龙江省东部，寒潮预警风险较高的地区是大兴安岭、黑河以及伊春大部分地区。黑龙江省3月各类预警风险分布如图3.13 ~ 3.19所示。

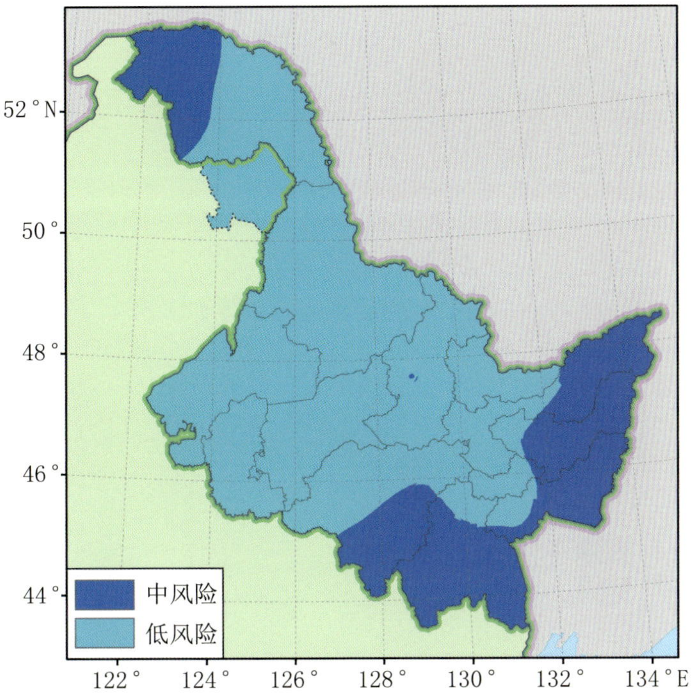

图 3.13　黑龙江省 3 月暴雪预警风险分布

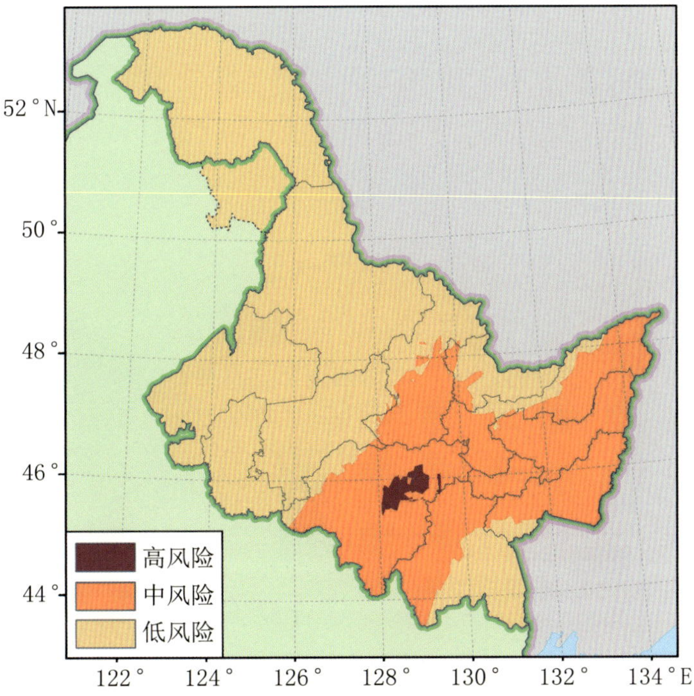

图 3.14　黑龙江省 3 月大风预警风险分布

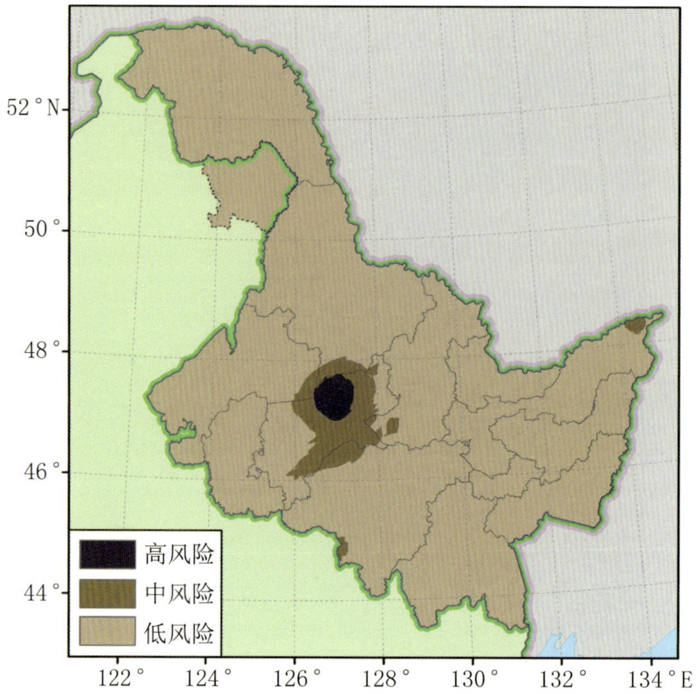

图 3.15 黑龙江省 3 月大雾预警风险分布

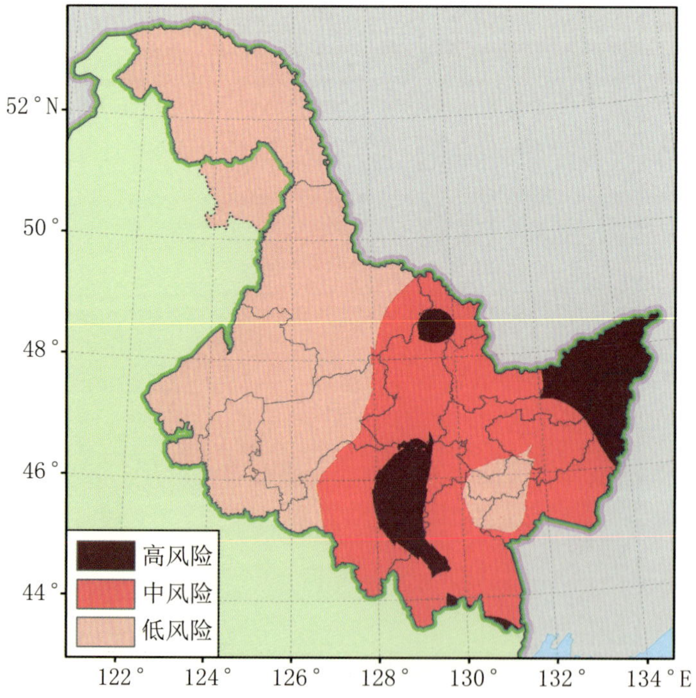

图 3.16 黑龙江省 3 月道路结冰预警风险分布

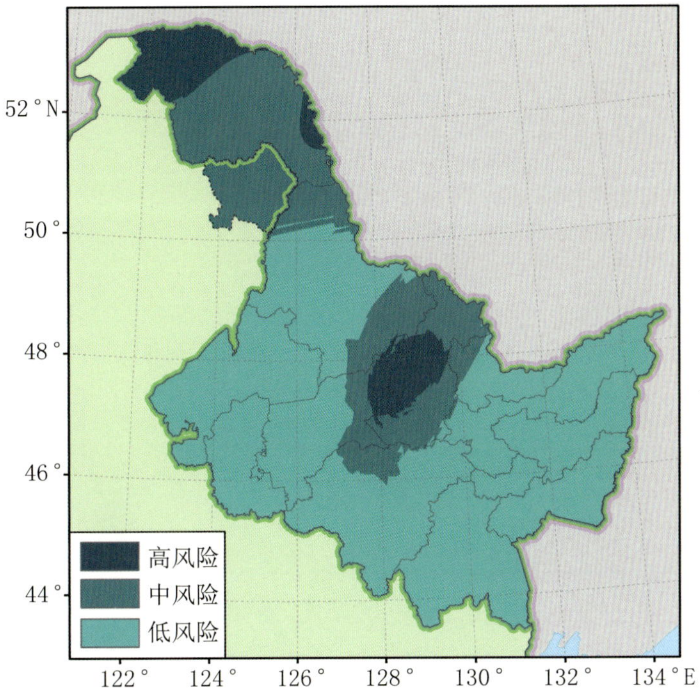

图 3.17　黑龙江省 3 月寒潮预警风险分布

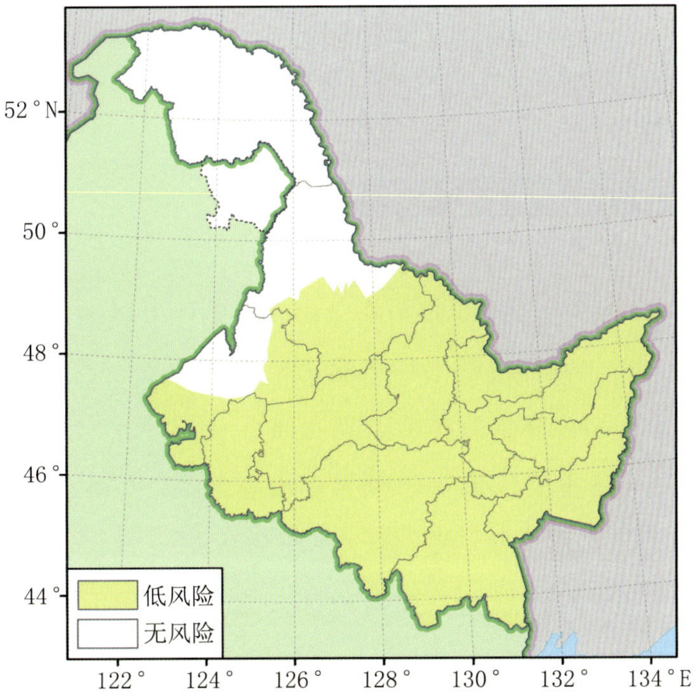

图 3.18　黑龙江省 3 月霾预警风险分布

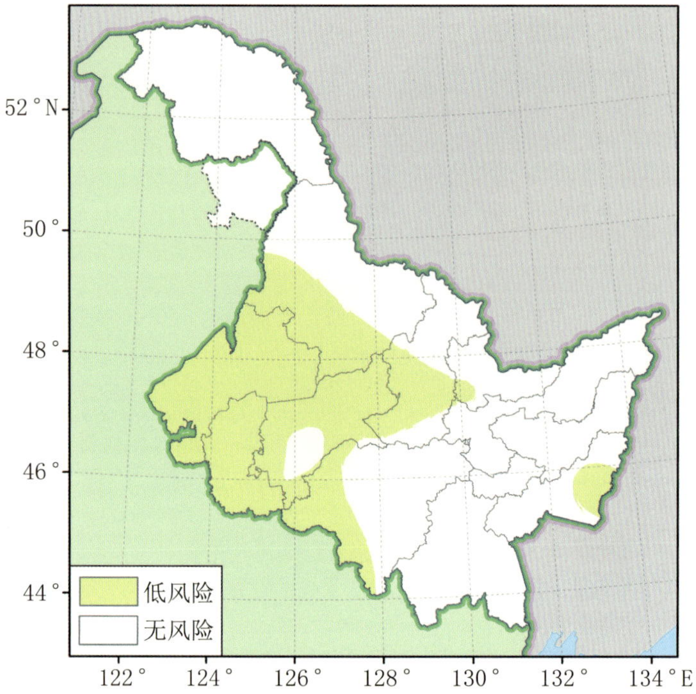

图 3.19 黑龙江省 3 月沙尘预警风险分布

3.4 4 月气象灾害预警风险图

黑龙江省4月天气转暖，月平均气温回升到0 ℃以上，降水增多，降水量开始增大。全省各地月平均气温为0.4～7.8 ℃。各地月平均降水量为16.8～36.3 mm，降水分布特点是西部少、东部多。

黑龙江省4月主要气象灾害预警类型有暴雪、大风、大雾、道路结冰、寒潮、雷电、雷雨大风、霾、沙尘。全省大部分地区大风预警风险较高，暴雪预警风险较高的是黑河地区。黑龙江省4月各类预警风险分布如图3.20～3.28所示。

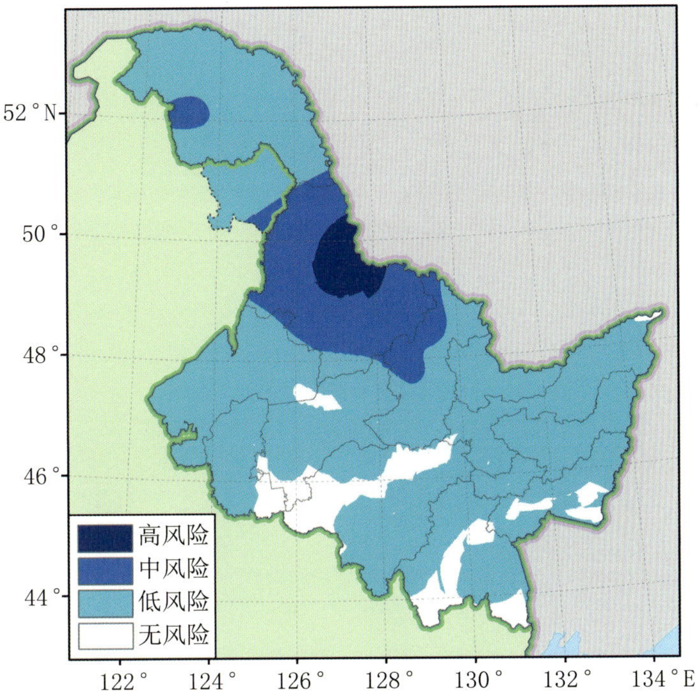

图 3.20　黑龙江省 4 月暴雪预警风险分布

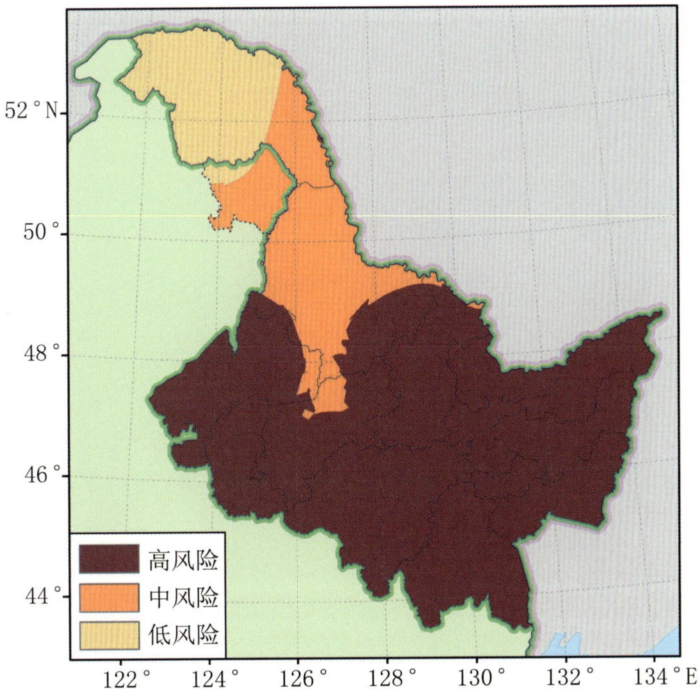

图 3.21　黑龙江省 4 月大风预警风险分布

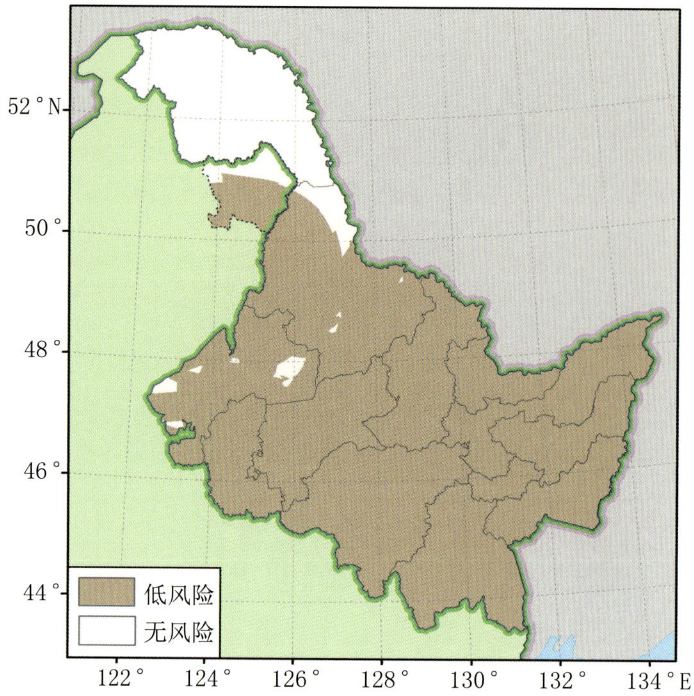

图 3.22　黑龙江省 4 月大雾预警风险分布

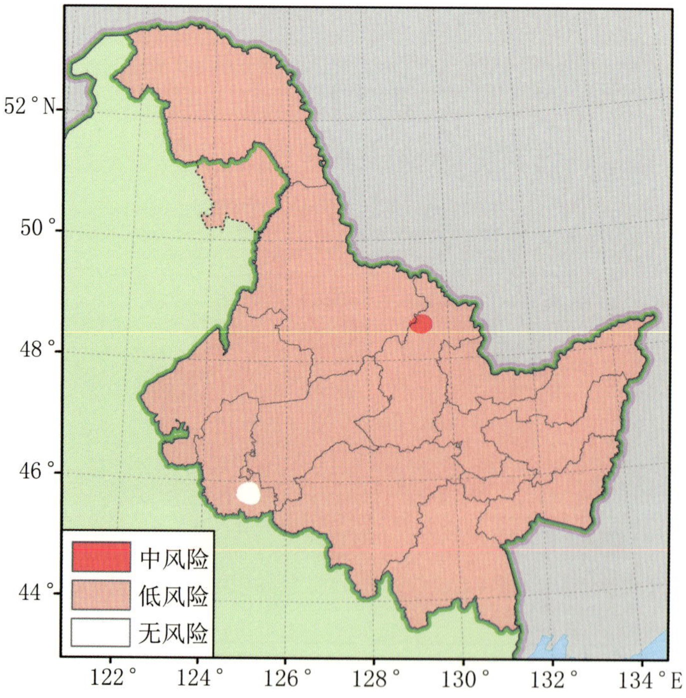

图 3.23　黑龙江省 4 月道路结冰预警风险分布

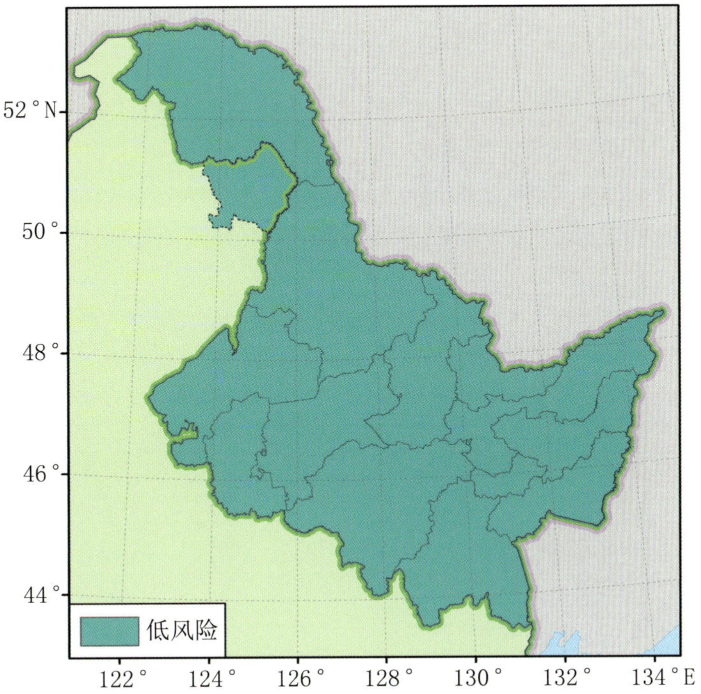

图 3.24 黑龙江省 4 月寒潮预警风险分布

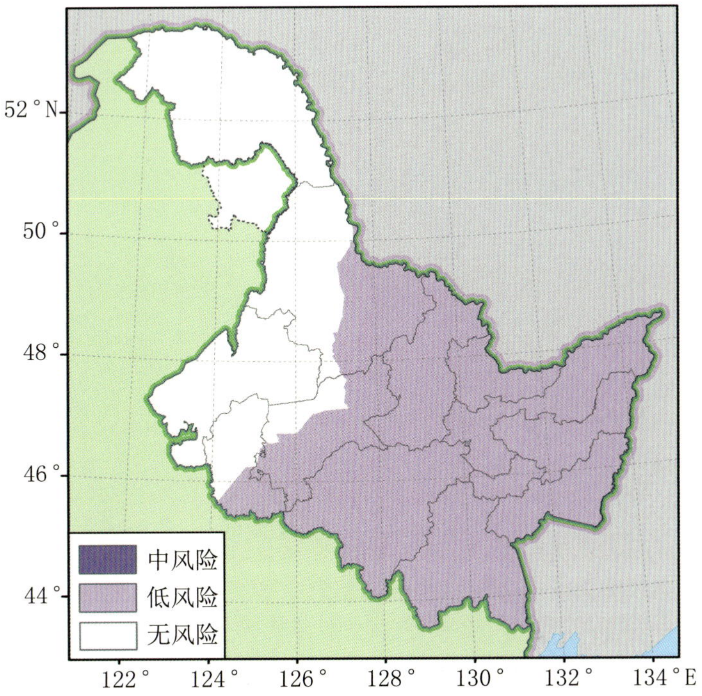

图 3.25 黑龙江省 4 月雷电预警风险分布

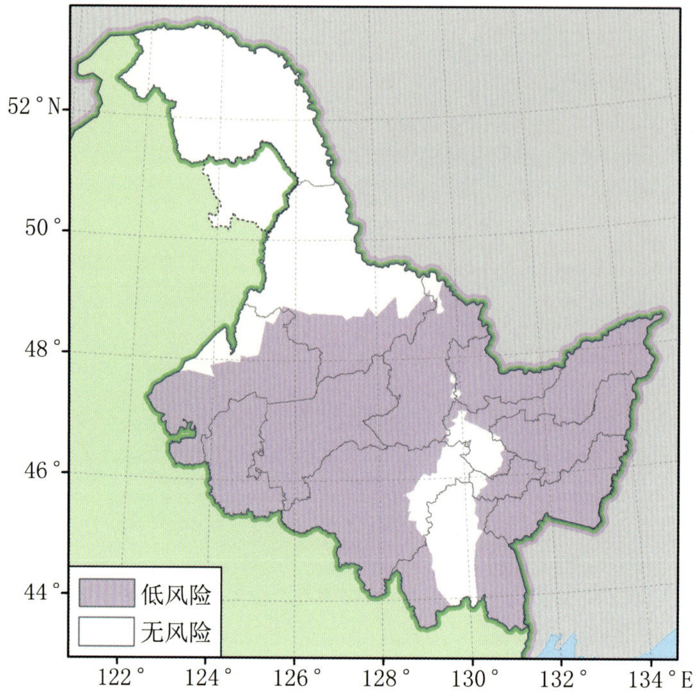

图 3.26 黑龙江省 4 月雷雨大风预警风险分布

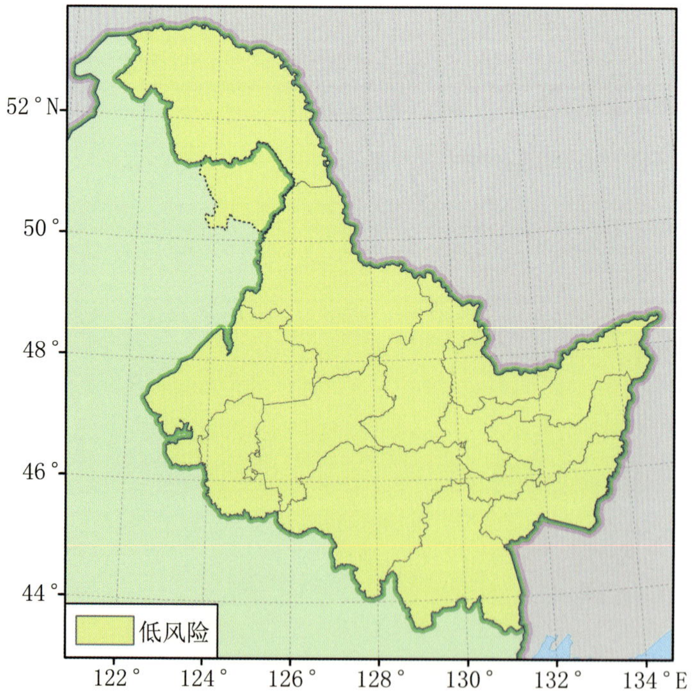

图 3.27 黑龙江省 4 月霾预警风险分布

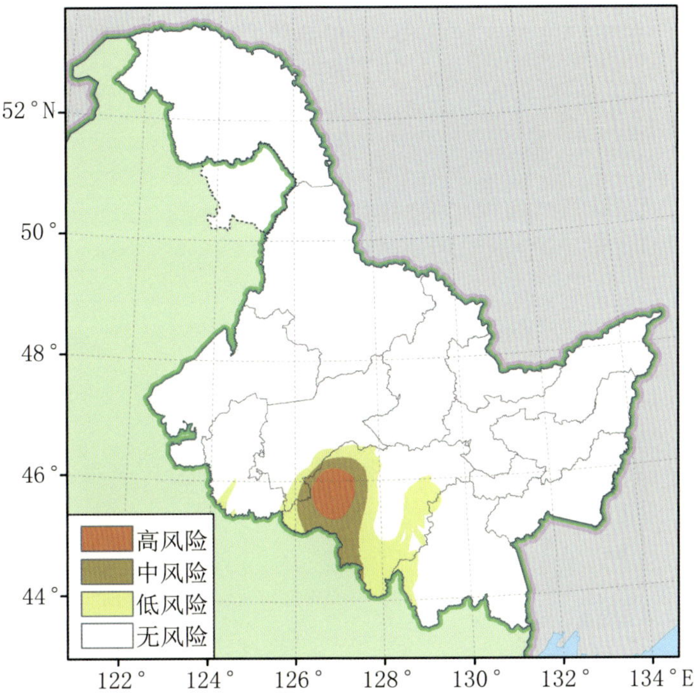

图 3.28　黑龙江省 4 月沙尘预警风险分布

3.5 5月气象灾害预警风险图

黑龙江省5月春回大地，大部分地区月平均气温在10 ℃以上，易出现高温、大风天气，降水量增大。全省各地月平均气温为8.8 ~ 15.8 ℃。各地月平均降水量为26.3 ~ 64.2 mm，降水分布特点是西部少、东部多。

黑龙江省5月主要气象灾害预警类型有暴雨、冰雹、大风、大雾、寒潮、雷电、雷雨大风。全省大部分地区大风预警风险较高，雷电预警风险较高的是鸡西大部分地区。黑龙江省5月各类预警风险分布如图3.29 ~ 3.35所示。

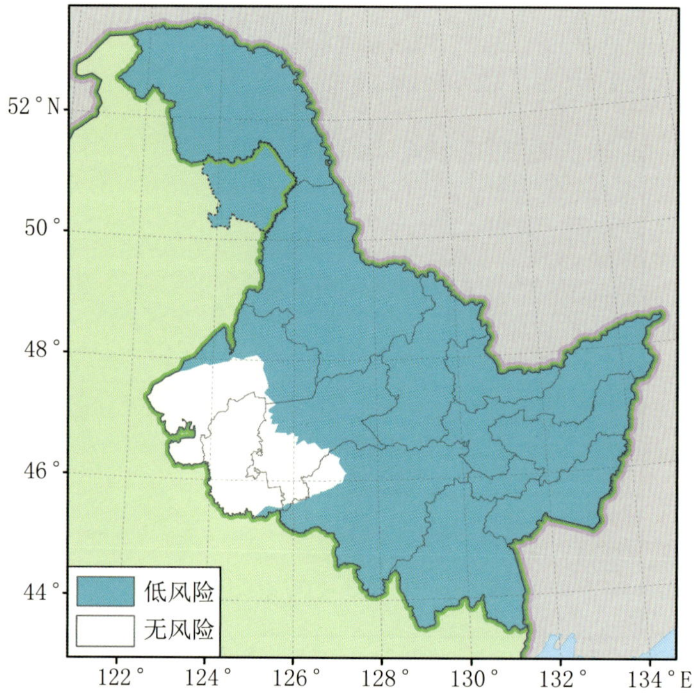

图 3.29 黑龙江省 5 月暴雨预警风险分布

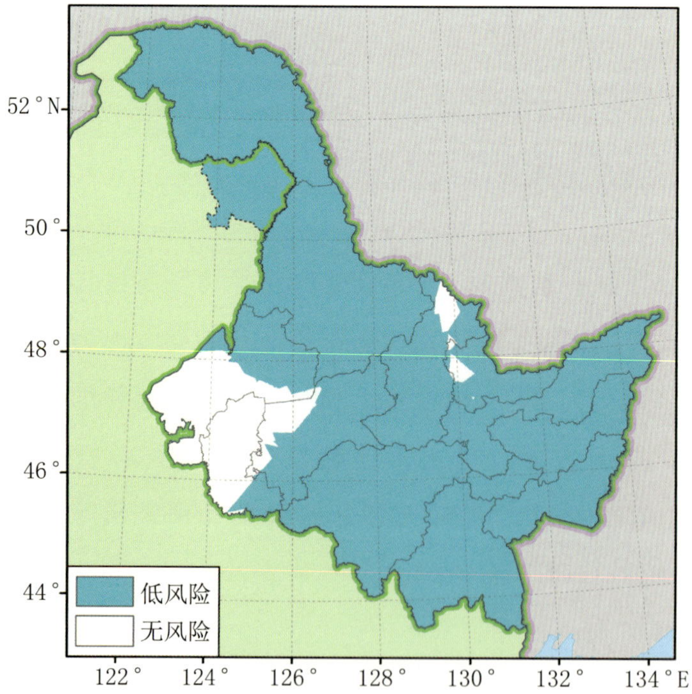

图 3.30 黑龙江省 5 月冰雹预警风险分布

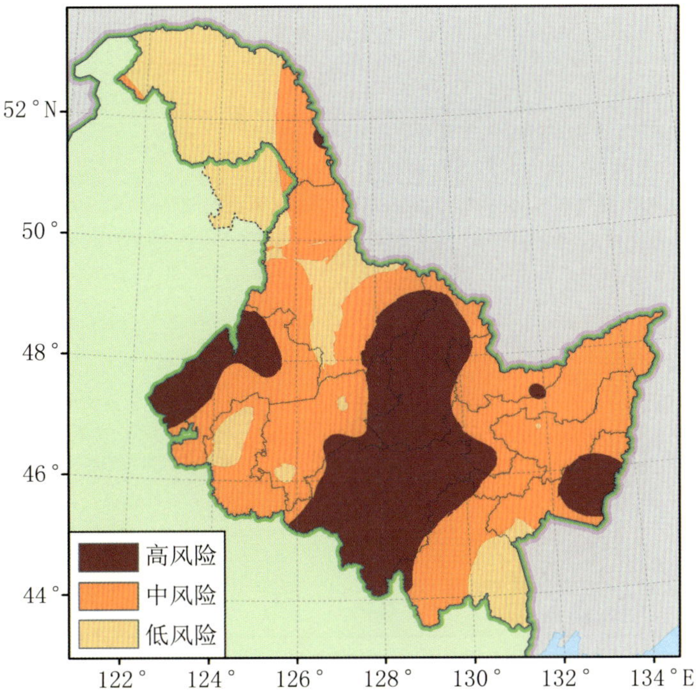

图 3.31　黑龙江省 5 月大风预警风险分布

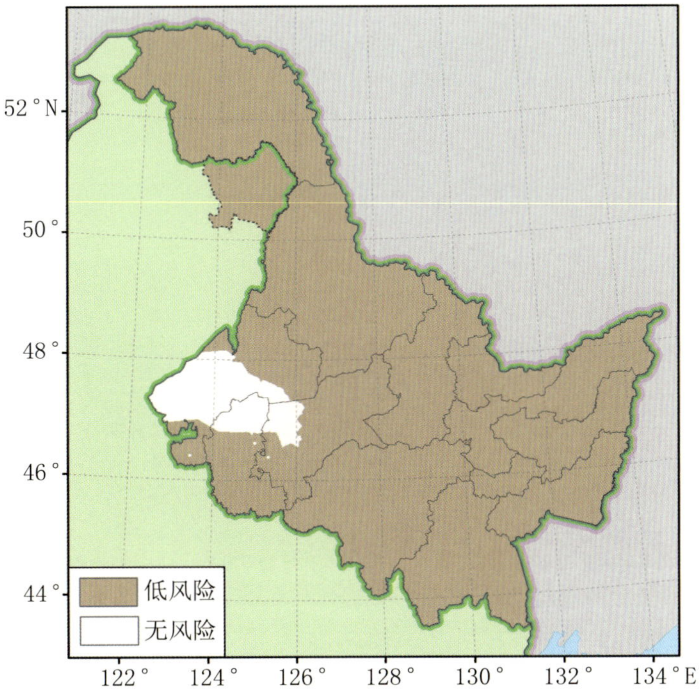

图 3.32　黑龙江省 5 月大雾预警风险分布

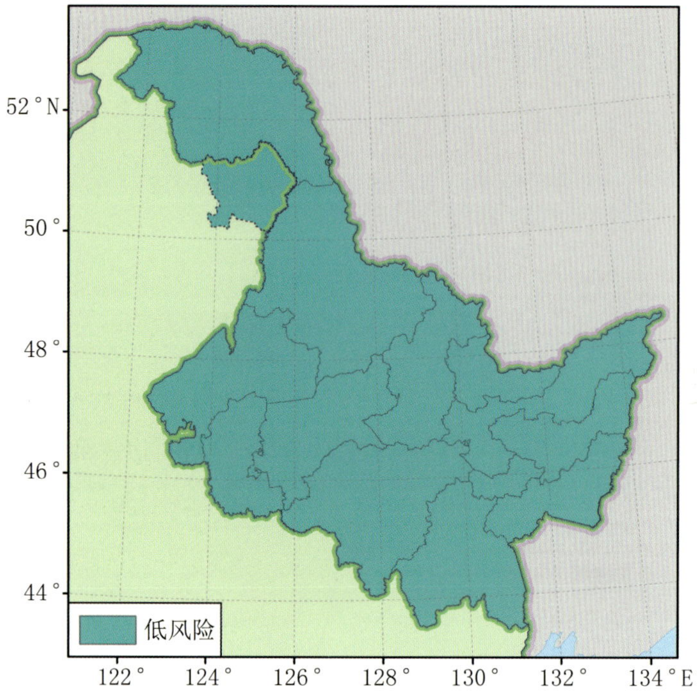

图 3.33　黑龙江省 5 月寒潮预警风险分布

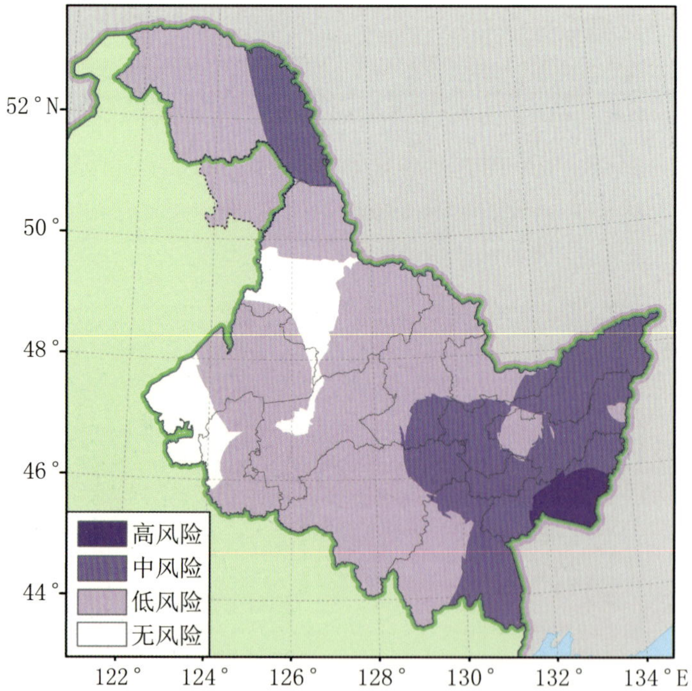

图 3.34　黑龙江省 5 月雷电预警风险分布

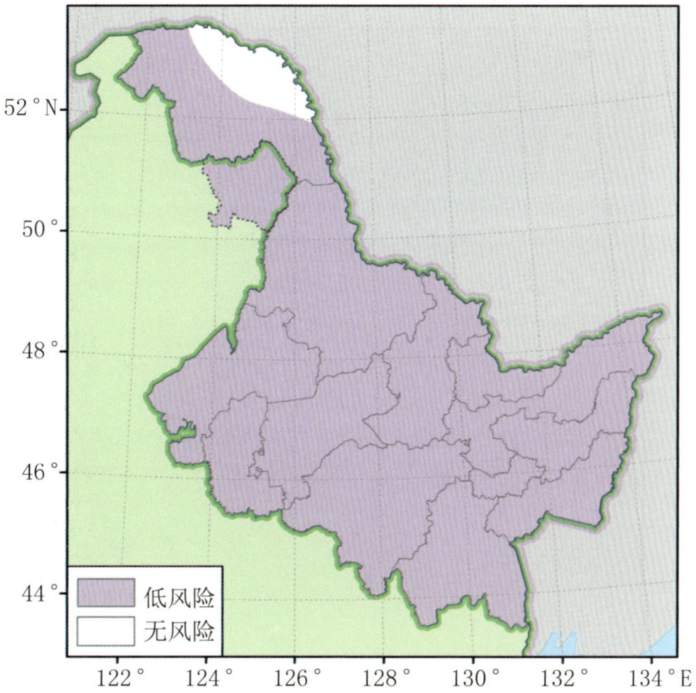

图 3.35 黑龙江省 5 月雷雨大风预警风险分布

3.6 6 月气象灾害预警风险图

黑龙江省6月为春夏之交，气候有时延续春天的高温少雨，有时突显夏季的强降水特征。全省各地月平均气温为15～21.5 ℃。各地月平均降水量为67.6～113 mm，降水分布特点是中部多、东部和西部地区相对少。

黑龙江省6月主要气象灾害预警类型有暴雨、冰雹、大风、大雾、高温、雷电、雷雨大风。大雾预警风险较高的是大兴安岭、伊春、牡丹江东部，高温预警风险较高的是大庆、绥化、齐齐哈尔大部，雷电预警风险较高的是大兴安岭东部、佳木斯、鸡西、牡丹江、七台河、伊春大部分地区、哈尔滨东部，雷雨大风预警风险较高的是哈尔滨、牡丹江、鸡西、黑河大部、伊春大部分地区。黑龙江省6月各类预警风险分布如图3.36～3.42所示。

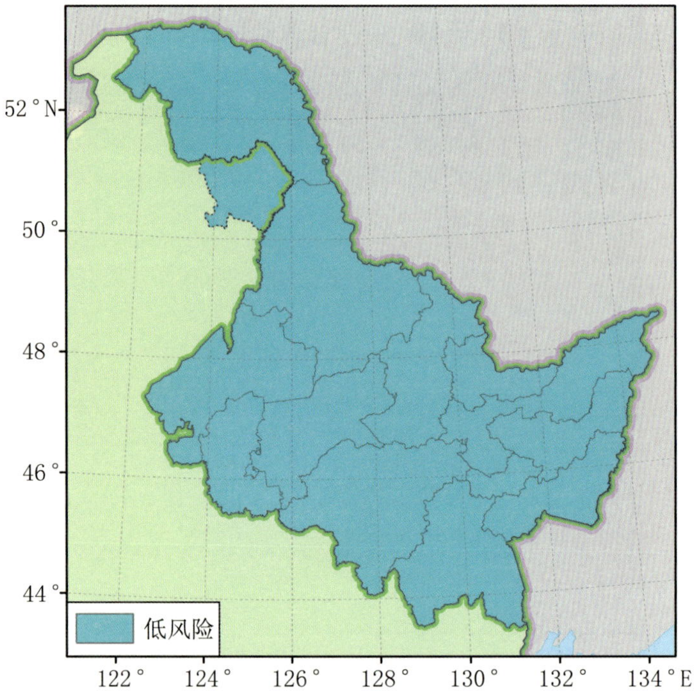

图 3.36　黑龙江省 6 月暴雨预警风险分布

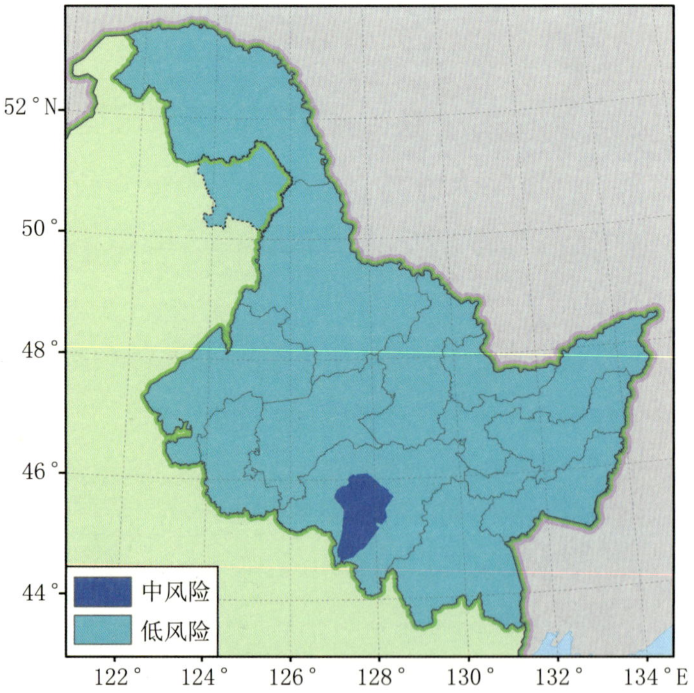

图 3.37　黑龙江省 6 月冰雹预警风险分布

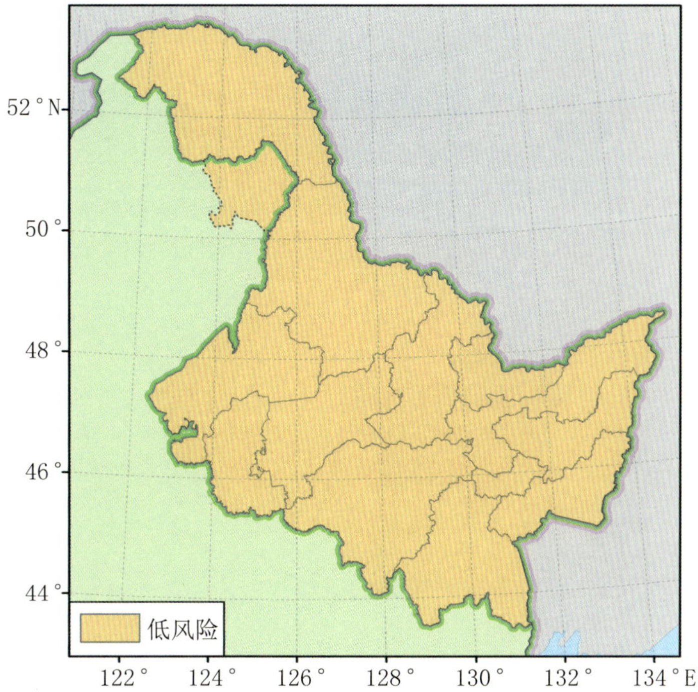

图 3.38 黑龙江省 6 月大风预警风险分布

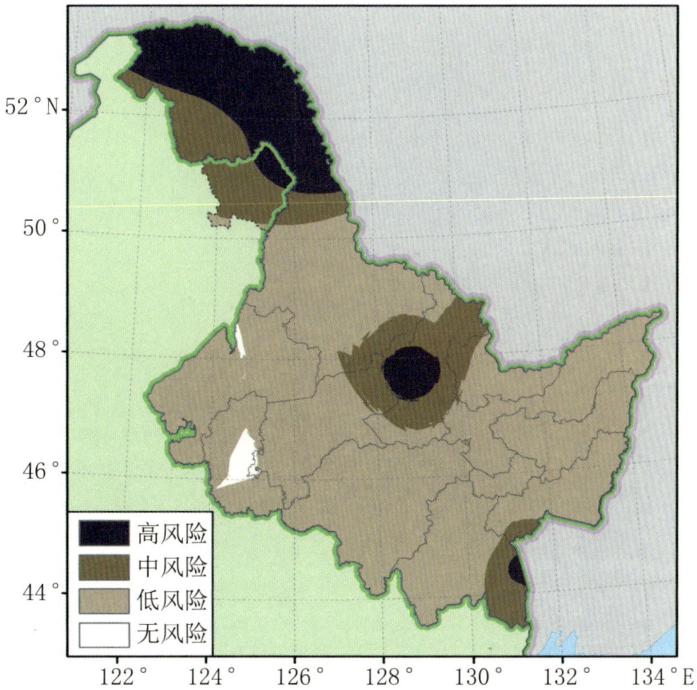

图 3.39 黑龙江省 6 月大雾预警风险分布

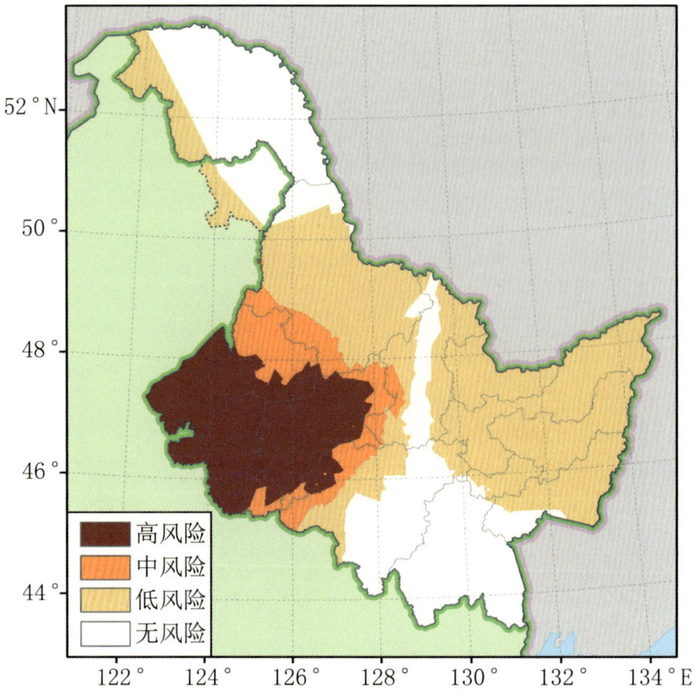

图 3.40 黑龙江省 6 月高温预警风险分布

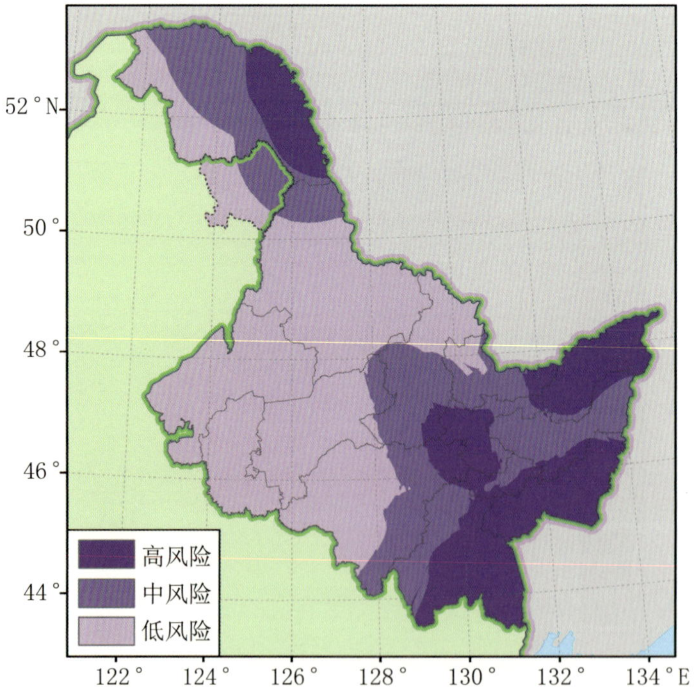

图 3.41 黑龙江省 6 月雷电预警风险分布

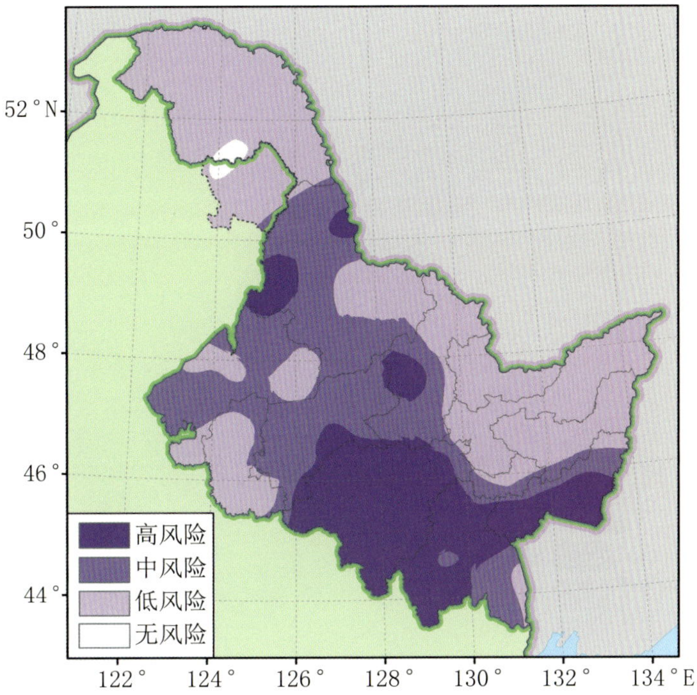

图 3.42　黑龙江省 6 月雷雨大风预警风险分布

3.7 7月气象灾害预警风险图

黑龙江省7月进入盛夏，气温高，降水多。全省各地月平均气温为17.6～23.6 ℃。各地月平均降水量为96.9～183.9 mm。

黑龙江省7月主要气象灾害预警类型有暴雨、冰雹、大风、大雾、高温、雷电、雷雨大风。暴雨预警风险较高的是黑河、齐齐哈尔、大庆、哈尔滨、绥化等地区，大雾预警风险较高的是黑龙江省北部及中东部地区，雷电预警风险较高的是黑龙江省北部及东部地区，雷雨大风预警风险较高的地区在黑龙江省西南部。高温预警的发布与温度异常年份相关，牡丹江的高温预警集中在2021年，2022年黑龙江省没有发布高温预警。黑龙江省7月各类预警风险分布如图3.43～3.49所示。

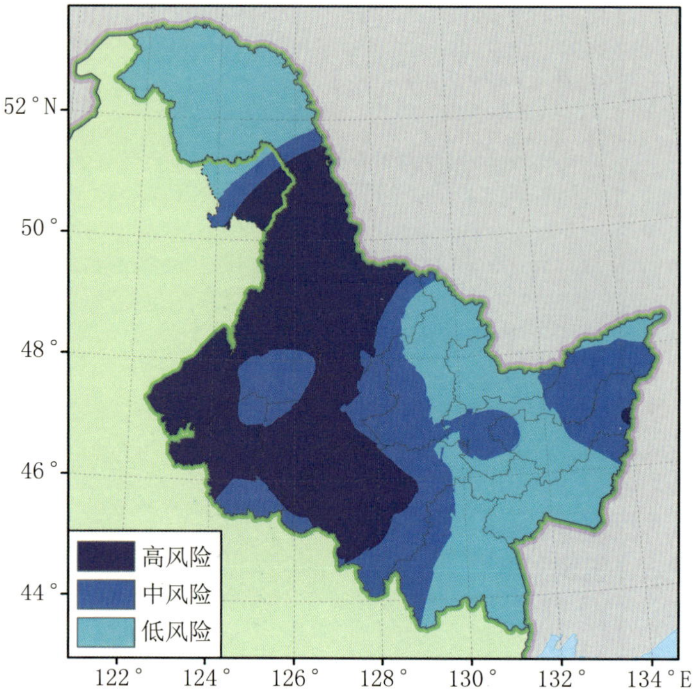

图 3.43　黑龙江省 7 月暴雨预警风险分布

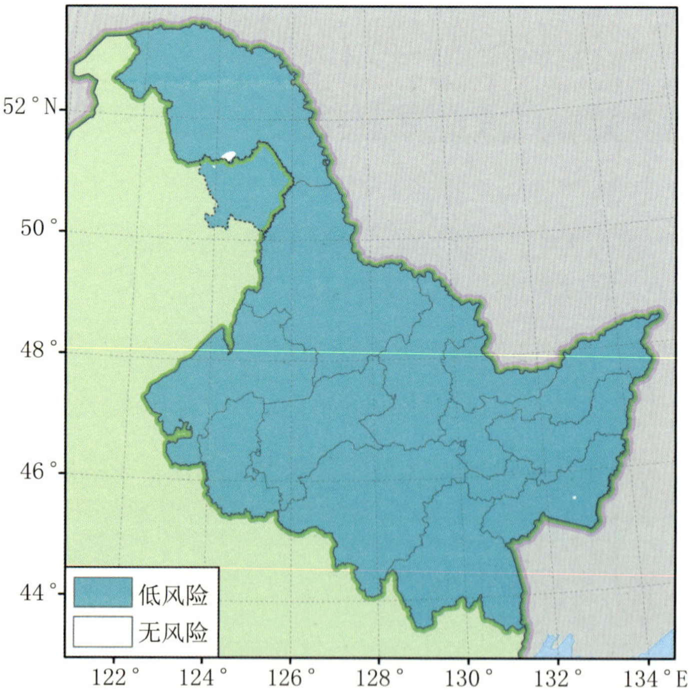

图 3.44　黑龙江省 7 月冰雹预警风险分布

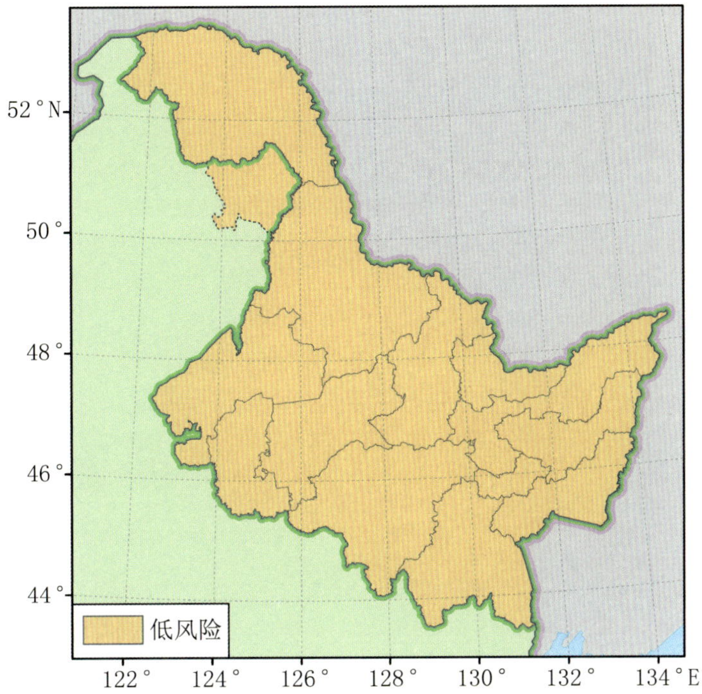

图 3.45 黑龙江省 7 月大风预警风险分布

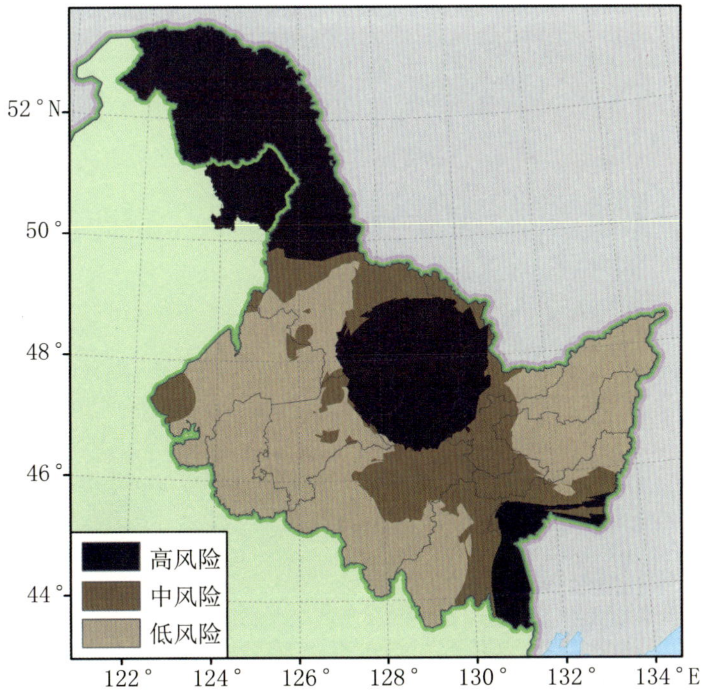

图 3.46 黑龙江省 7 月大雾预警风险分布

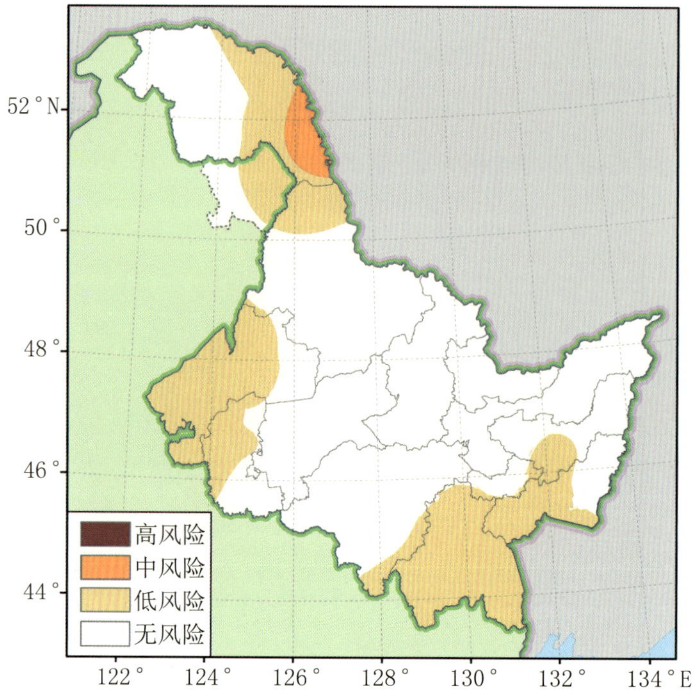

图 3.47　黑龙江省 7 月高温预警风险分布

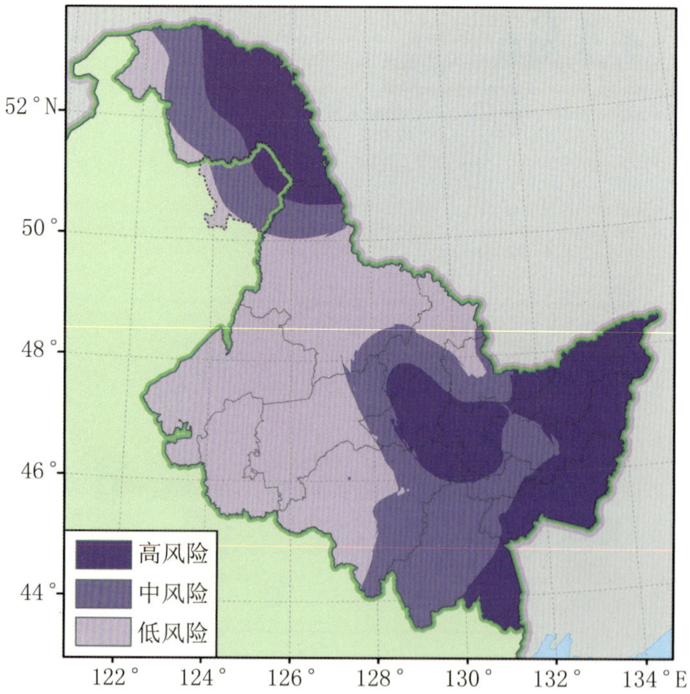

图 3.48　黑龙江省 7 月雷电预警风险分布

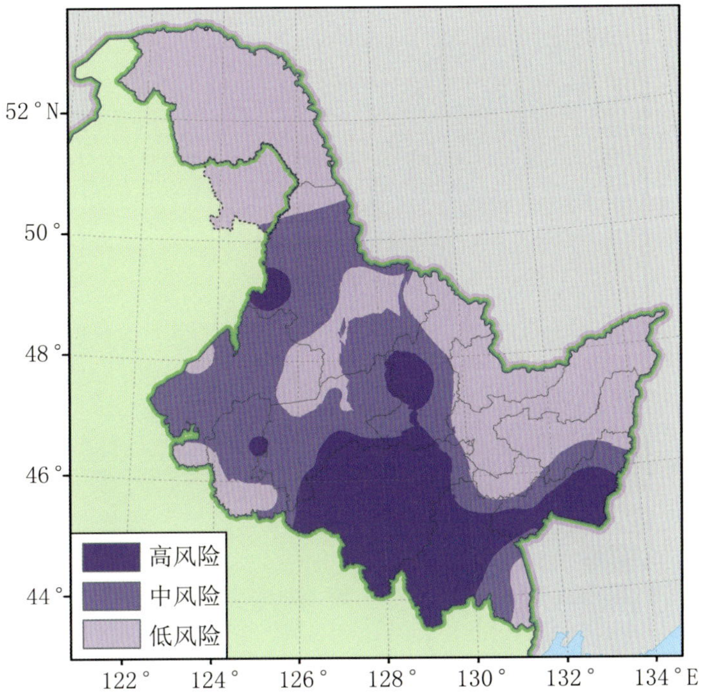

图 3.49　黑龙江省 7 月雷雨大风预警风险分布

3.8 8 月气象灾害预警风险图

黑龙江省 8 月处于夏季的尾声，气温高，降水前期多、后期少。全省各地月平均气温为 15 ~ 22.1 ℃。各地月平均降水量为 87.5 ~ 162.6 mm，西部地区与东南部地区降水少。

黑龙江省 8 月主要气象灾害预警类型有暴雨、冰雹、大风、大雾、雷电、雷雨大风。这个月份全省大部分地区暴雨、大雾预警风险较高，雷电预警风险较高的是佳木斯、鸡西、大兴安岭东部、双鸭山东北部地区。黑龙江省 8 月各类预警风险分布如图 3.50 ~ 3.55 所示。

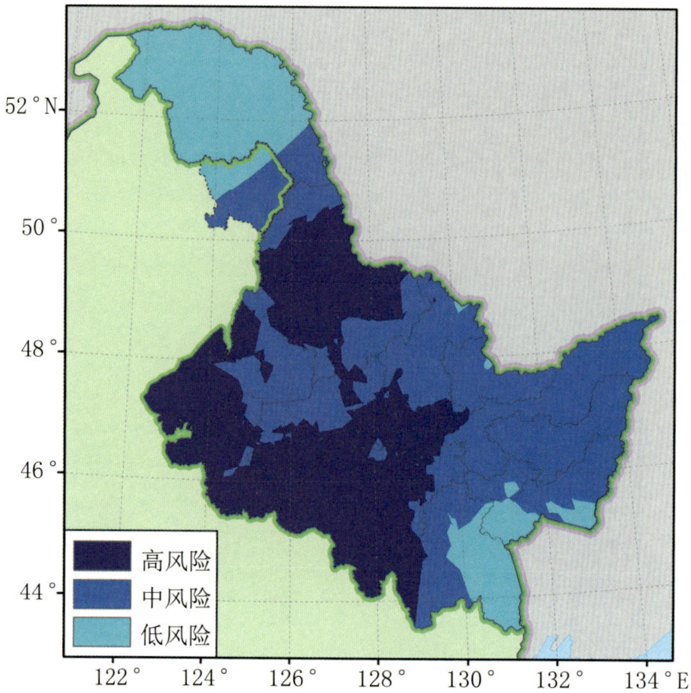

图 3.50　黑龙江省 8 月暴雨预警风险分布

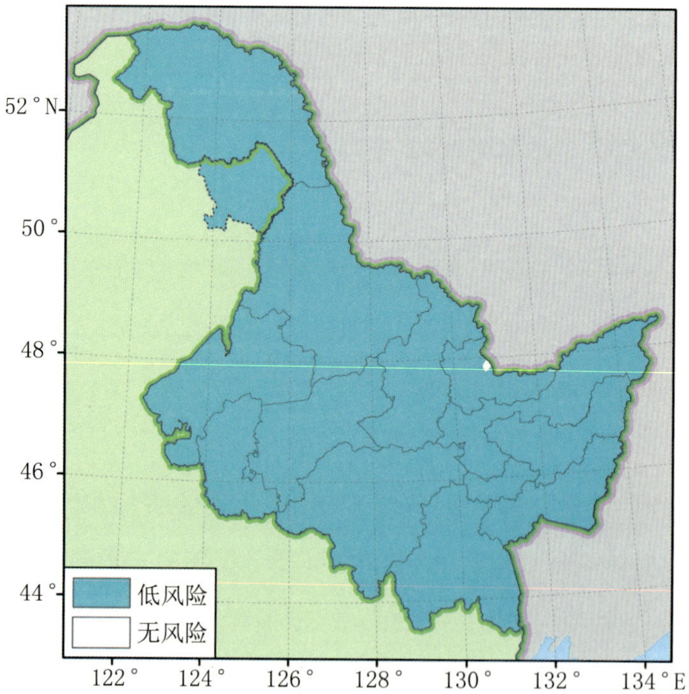

图 3.51　黑龙江省 8 月冰雹预警风险分布

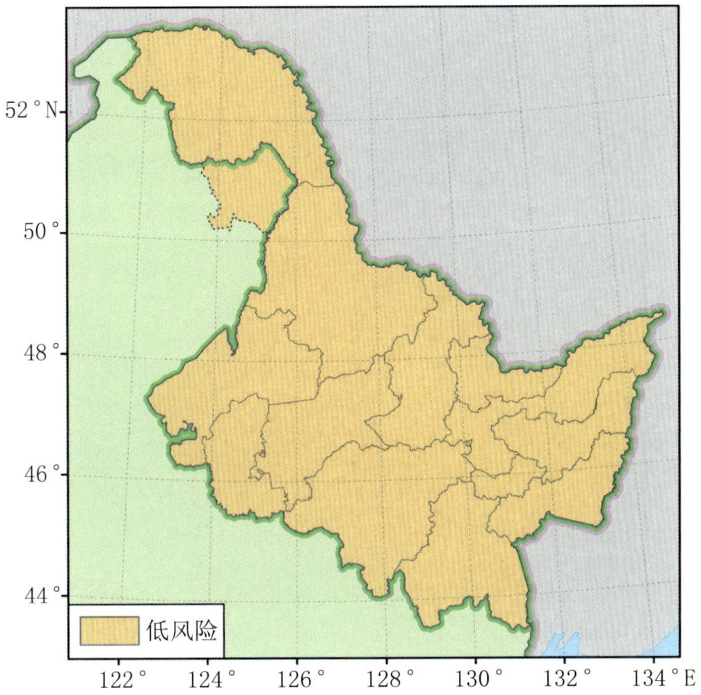

图 3.52　黑龙江省 8 月大风预警风险分布

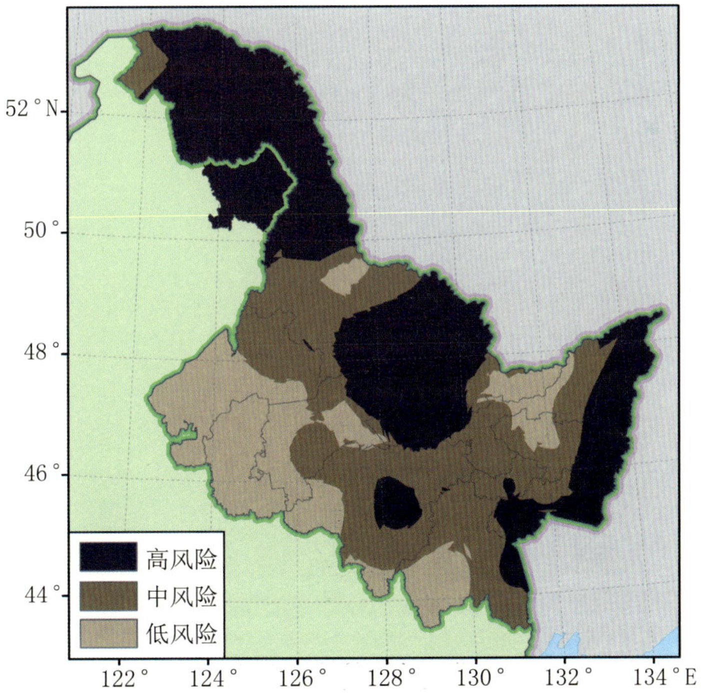

图 3.53　黑龙江省 8 月大雾预警风险分布

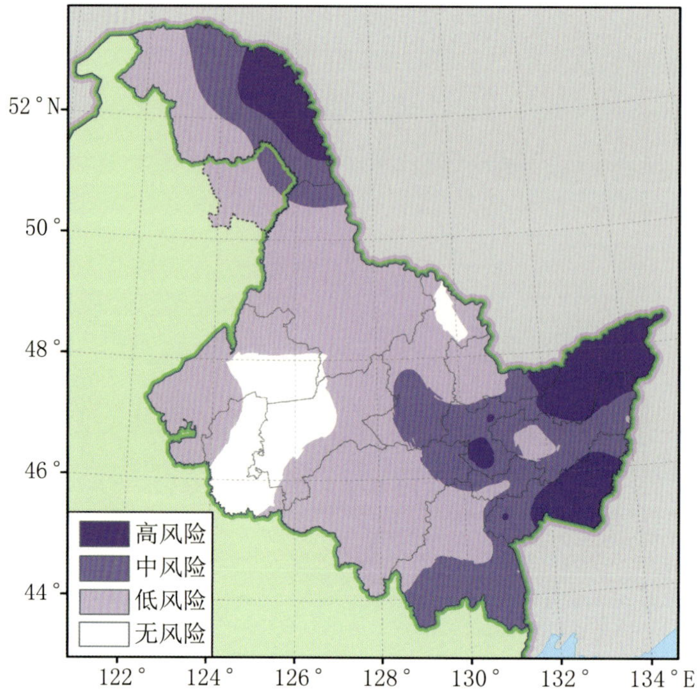

图 3.54　黑龙江省 8 月雷电预警风险分布

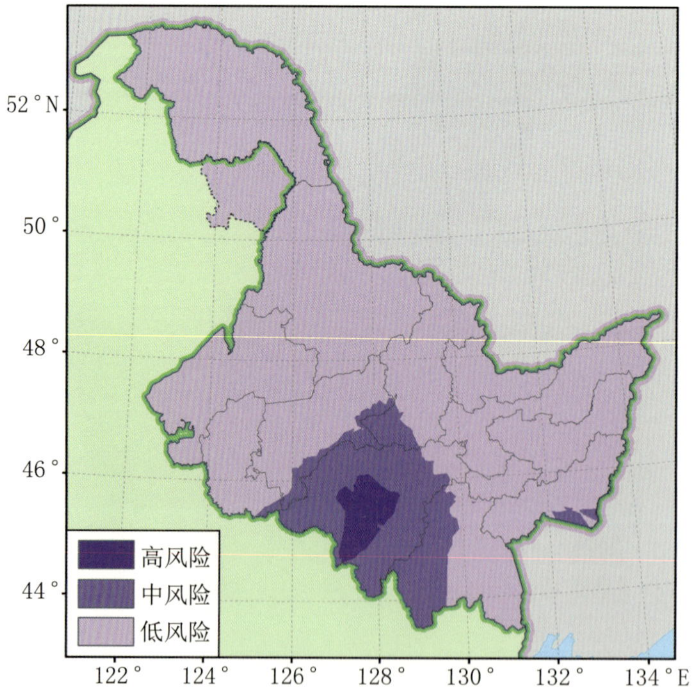

图 3.55　黑龙江省 8 月雷雨大风预警风险分布

3.9 9月气象灾害预警风险图

黑龙江省9月转为秋季，高温少雨成为常态。全省各地月平均气温为7.7～15.8 ℃。各地月平均降水量为32.9～72.3 mm，降水特点是西南部少、东北部多。

黑龙江省9月主要气象灾害预警类型有暴雨、冰雹、大风、大雾、寒潮、雷电、雷雨大风、霜冻。全省大部分地区大雾预警风险较高，霜冻预警风险较高的是大兴安岭。黑龙江省9月各类预警风险分布如图3.56～3.63所示。

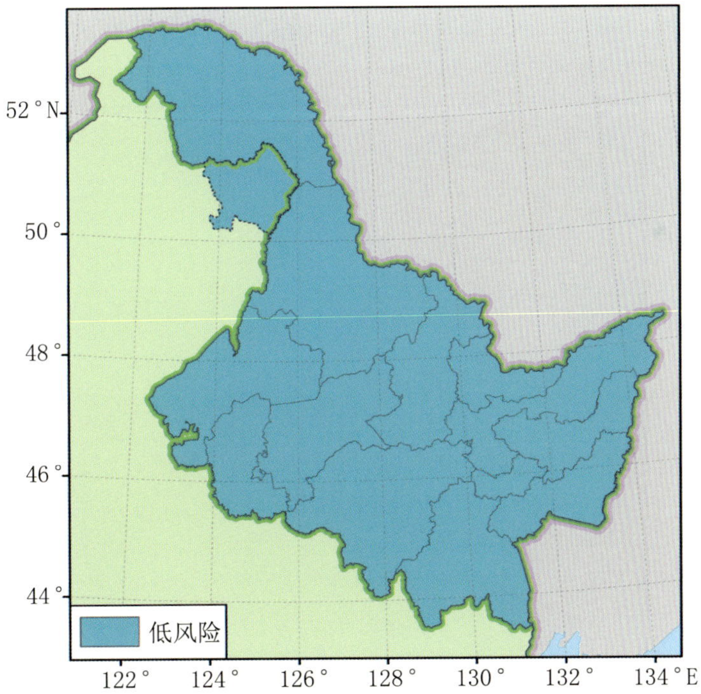

图 3.56　黑龙江省 9 月暴雨预警风险分布

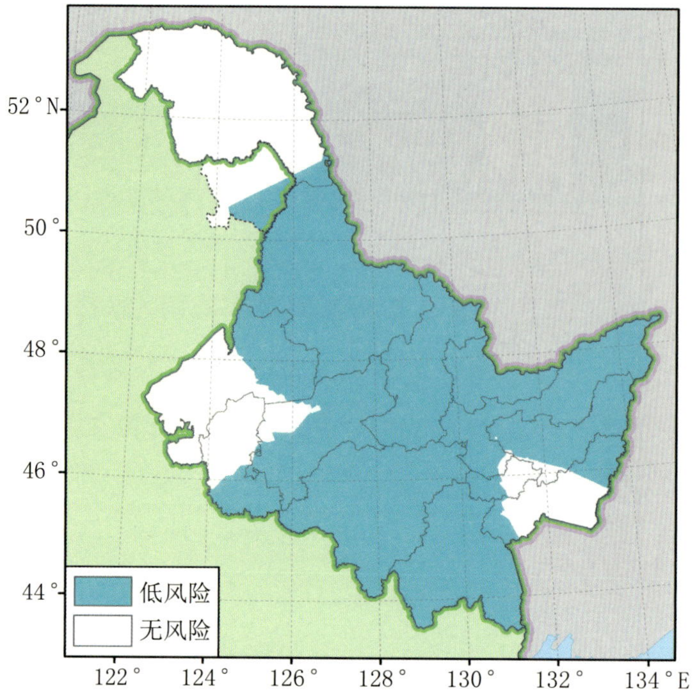

图 3.57 黑龙江省 9 月冰雹预警风险分布

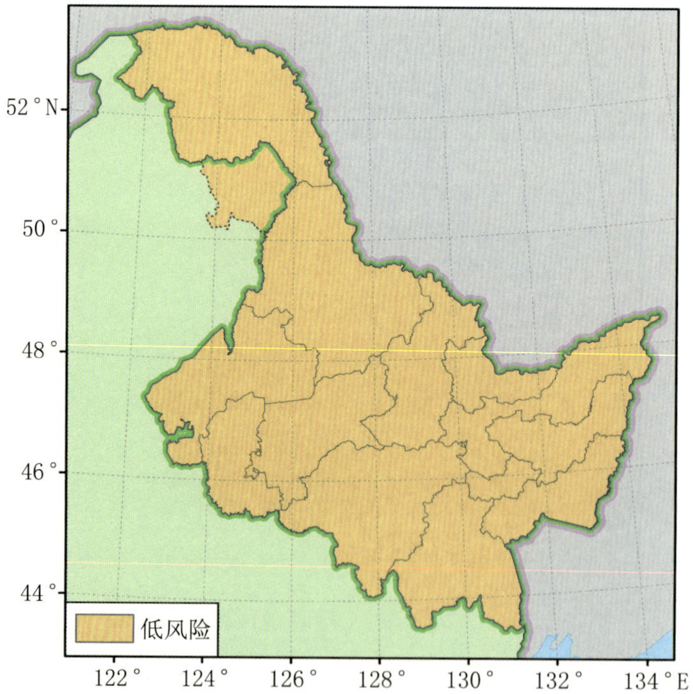

图 3.58 黑龙江省 9 月大风预警风险分布

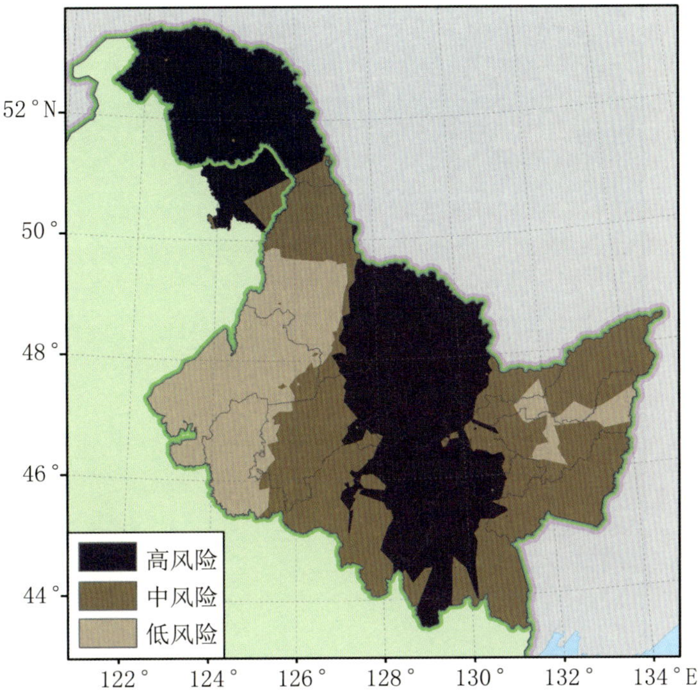

图 3.59　黑龙江省 9 月大雾预警风险分布

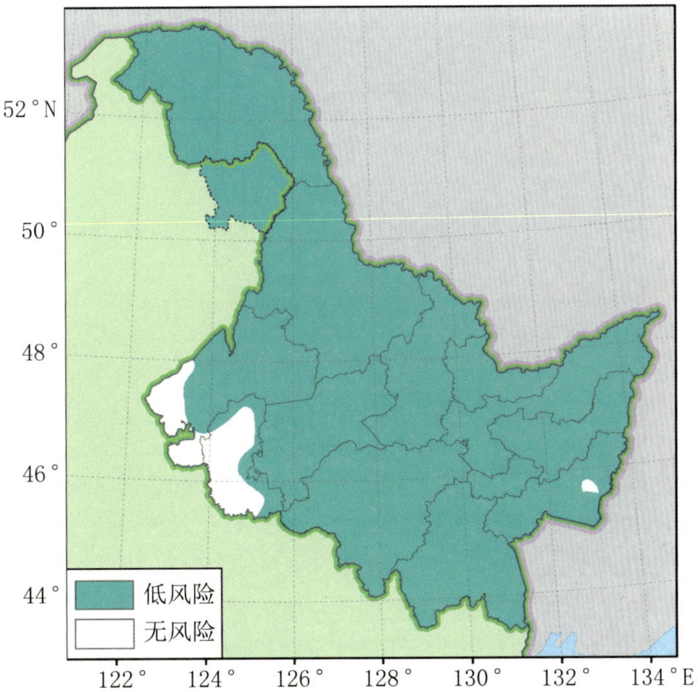

图 3.60　黑龙江省 9 月寒潮预警风险分布

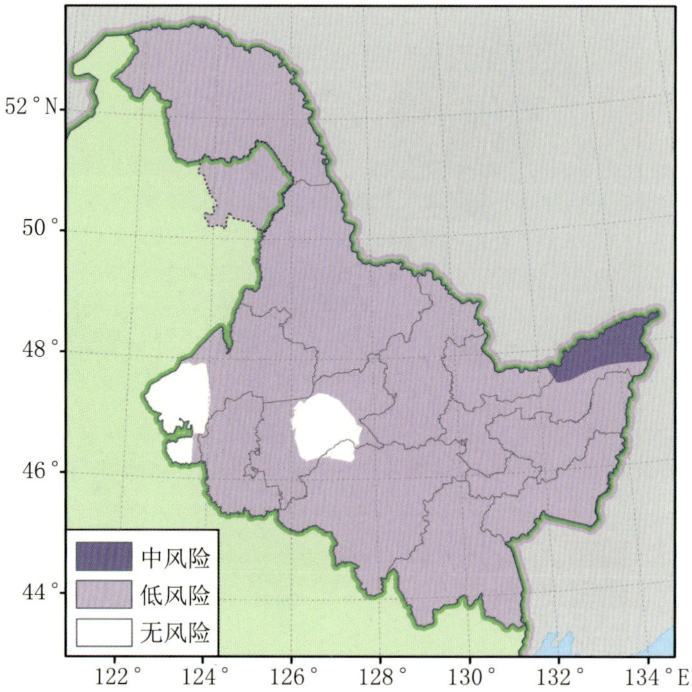

图 3.61　黑龙江省 9 月雷电预警风险分布

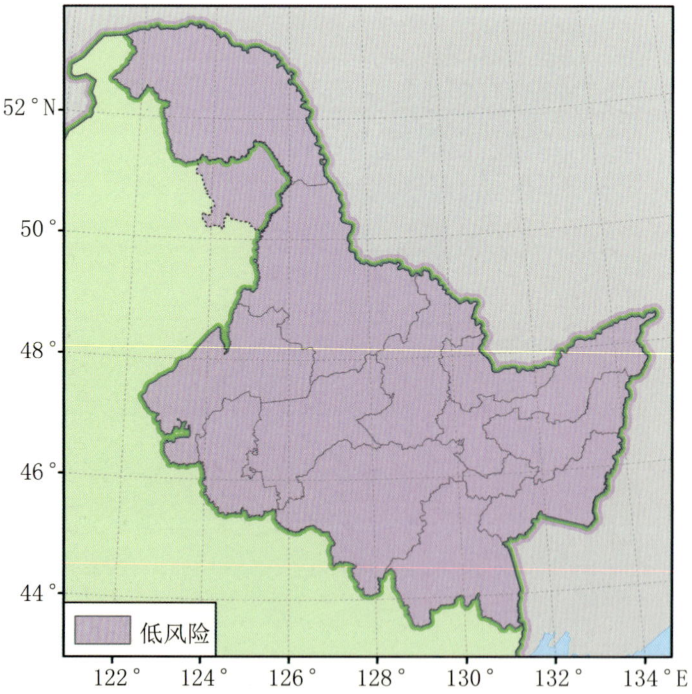

图 3.62　黑龙江省 9 月雷雨大风预警风险分布

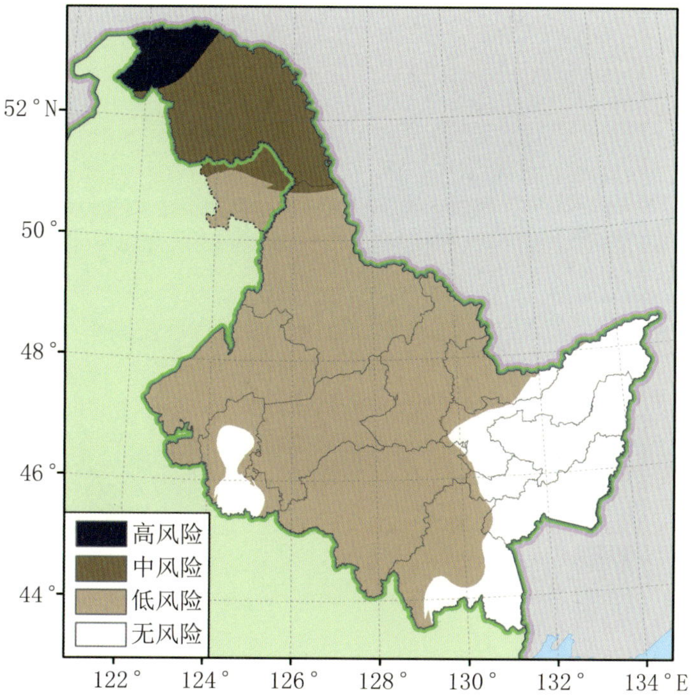

图 3.63　黑龙江省 9 月霜冻预警风险分布

3.10 10 月气象灾害预警风险图

黑龙江省10月进入秋末，南北温差加大，北部大兴安岭地区进入冬季，月平均气温降至零下，降水由雨转为雪，南部地区月平均气温还在0 ℃以上。全省各地月平均气温为-2.6～7.8 ℃。各地月平均降水量为13.7～43.9 mm，降水特点是西部少、东部多。

黑龙江省10月主要气象灾害预警类型有暴雪、大风、大雾、道路结冰、寒潮、霜冻。暴雪预警风险较高的是大兴安岭大部。黑龙江省10月各类预警风险分布如图3.64～3.69所示。

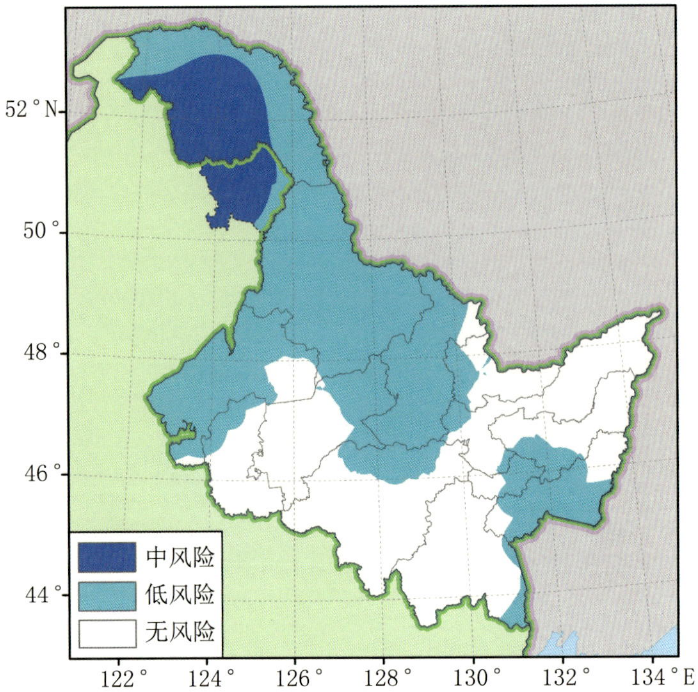

图 3.64　黑龙江省 10 月暴雪预警风险分布

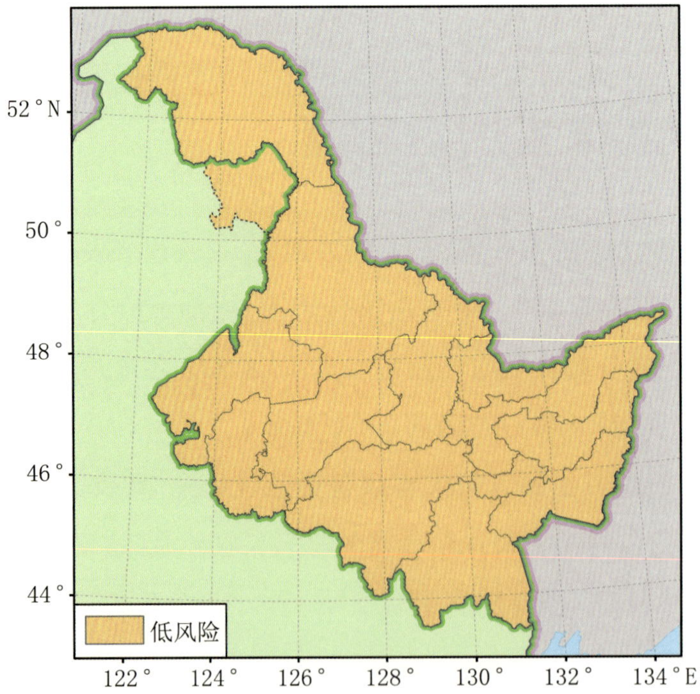

图 3.65　黑龙江省 10 月大风预警风险分布

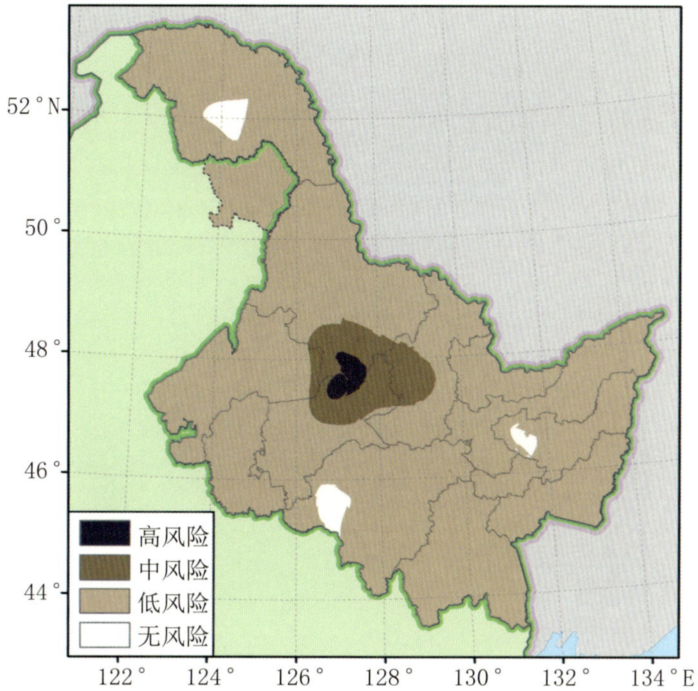

图 3.66　黑龙江省 10 月大雾预警风险分布

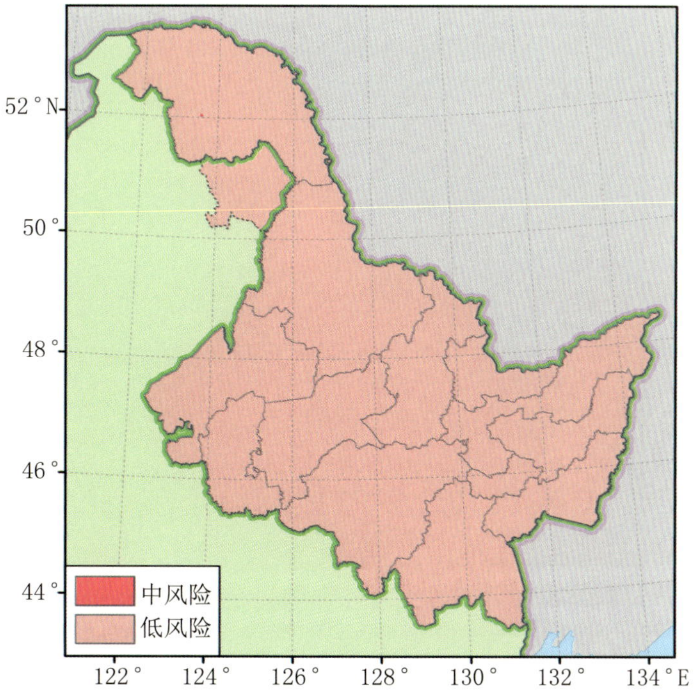

图 3.67　黑龙江省 10 月道路结冰预警风险分布

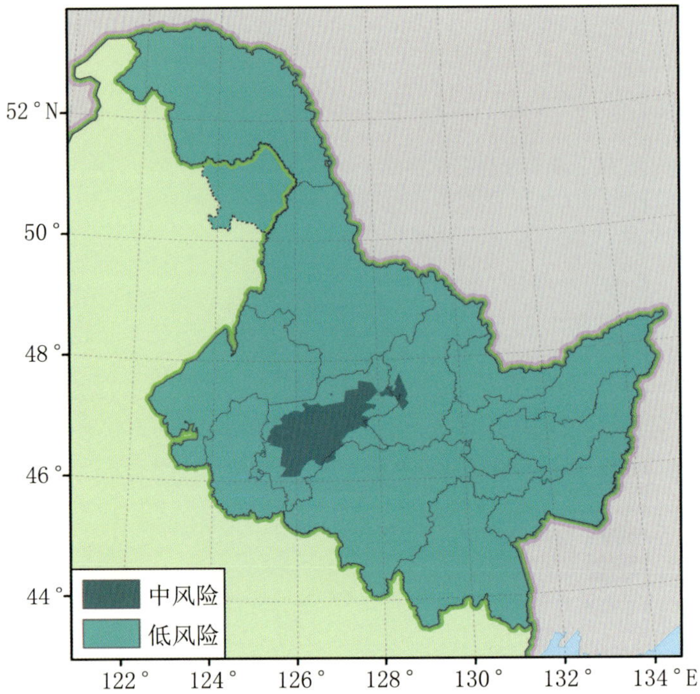

图 3.68　黑龙江省 10 月寒潮预警风险分布

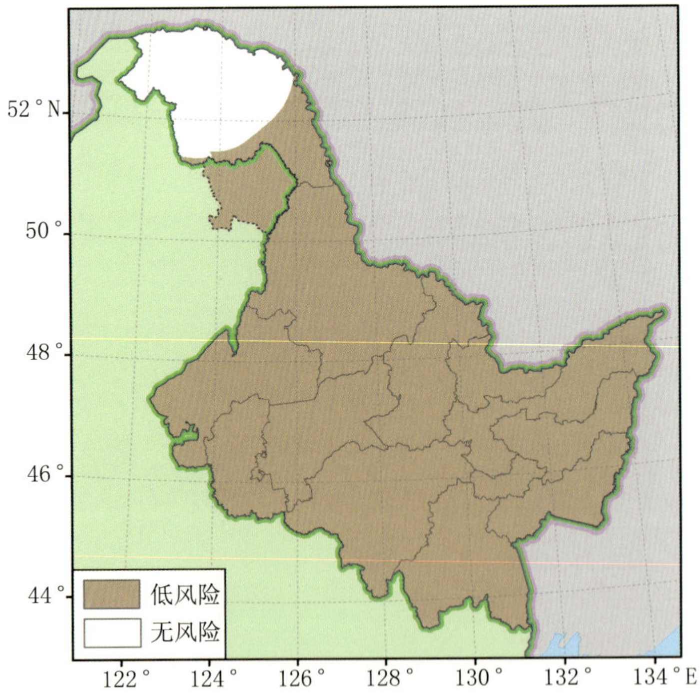

图 3.69　黑龙江省 10 月霜冻预警风险分布

3.11 11月气象灾害预警风险图

黑龙江省11月开始进入冬季，气温低，降水性质为雨、雨夹雪、雪，降水量为冬季最多月。全省各地月平均气温为-17.9～-2.7 ℃。各地月平均降水量为3.4～19.2 mm，降水分布自西向东递增。

黑龙江省11月主要气象灾害预警类型有暴雪、大风、大雾、道路结冰、寒潮、霾。暴雪预警风险较高的是除大兴安岭外的全省大部分地区，大雾预警风险较高的是黑龙江省西部，道路结冰、寒潮预警风险较高的是全省大部分地区。黑龙江省11月各类预警风险分布如图3.70～3.75所示。

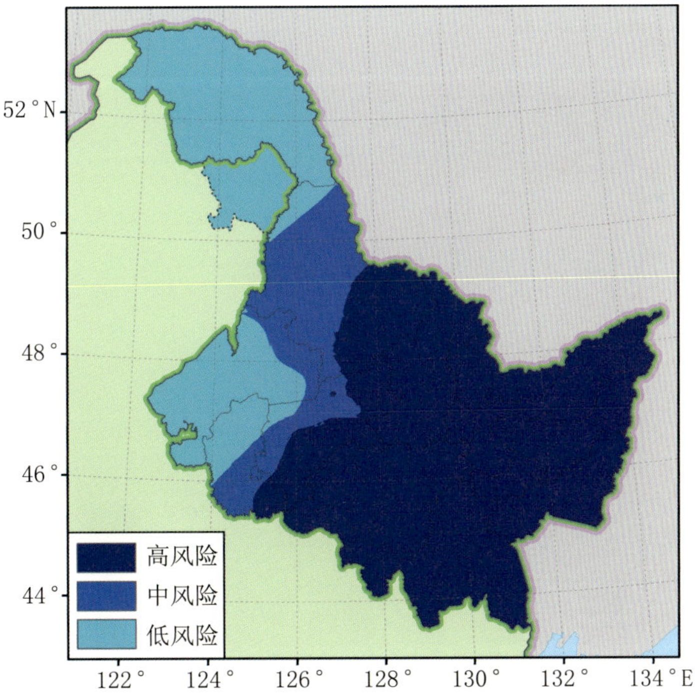

图3.70　黑龙江省11月暴雪预警风险分布

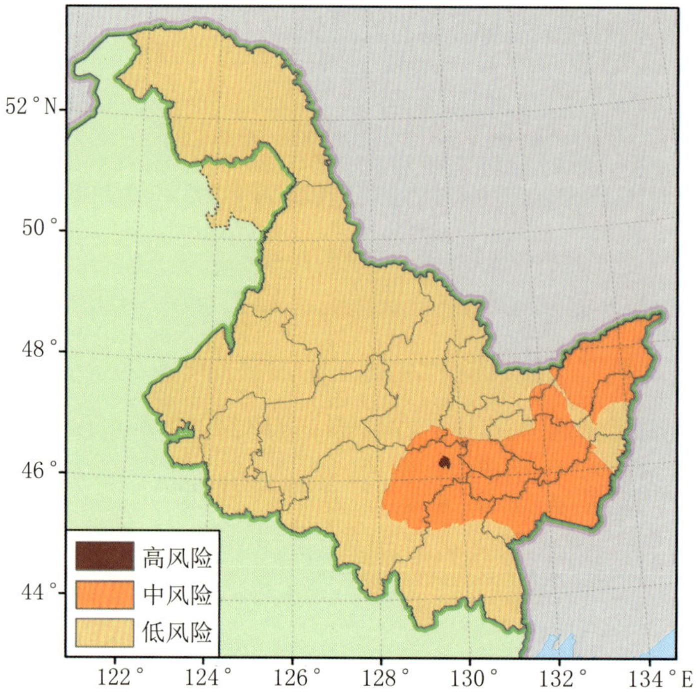

图 3.71　黑龙江省 11 月大风预警风险分布

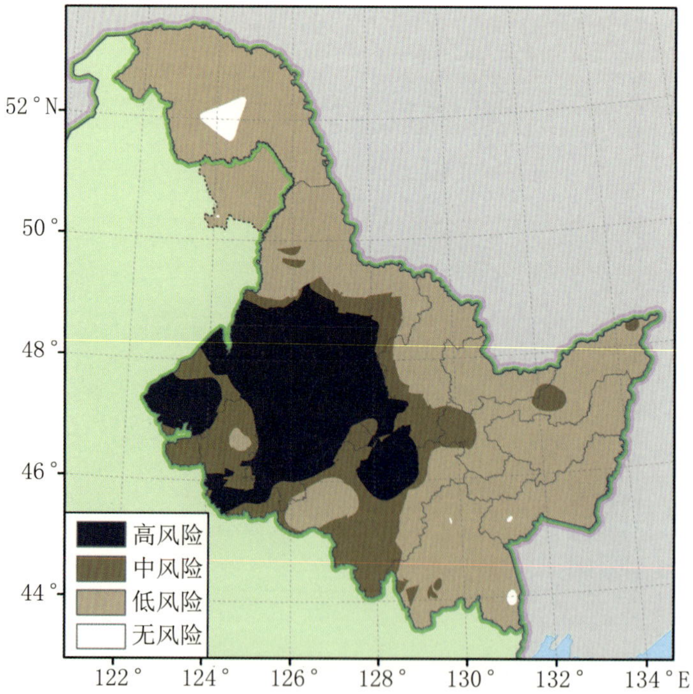

图 3.72　黑龙江省 11 月大雾预警风险分布

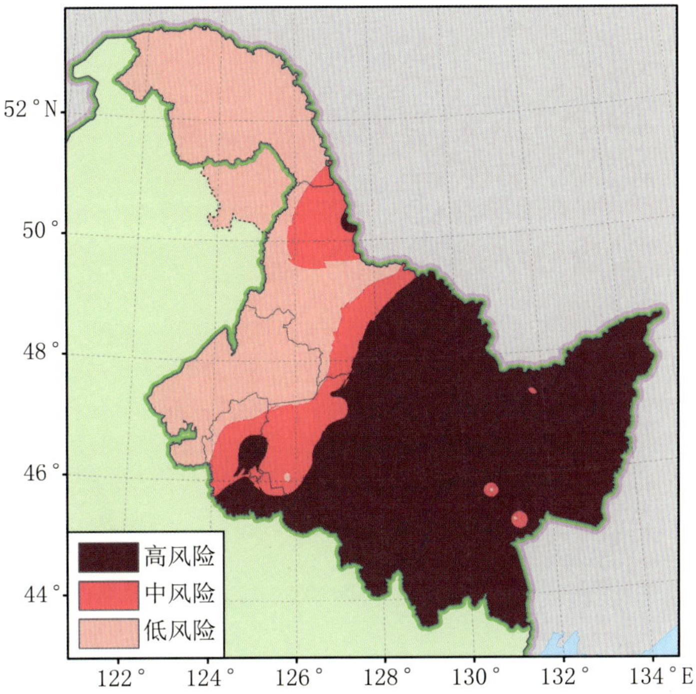

图 3.73　黑龙江省 11 月道路结冰预警风险分布

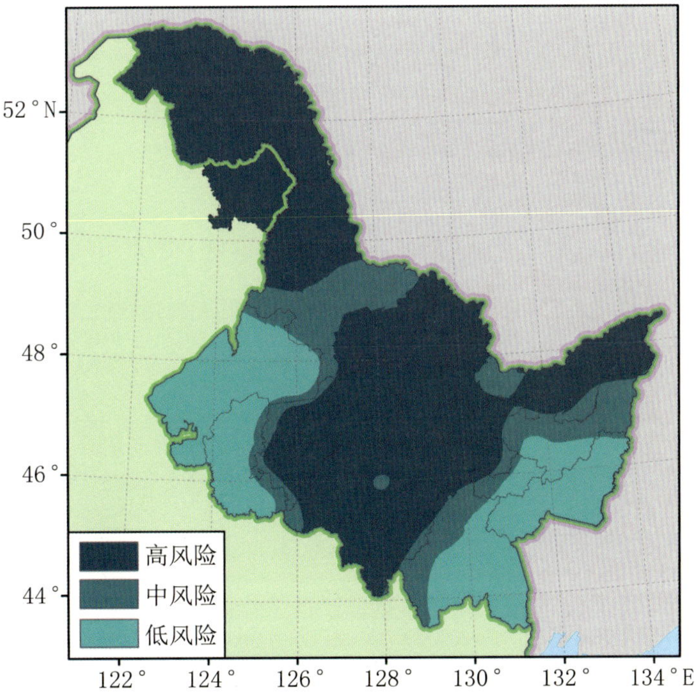

图 3.74　黑龙江省 11 月寒潮预警风险分布

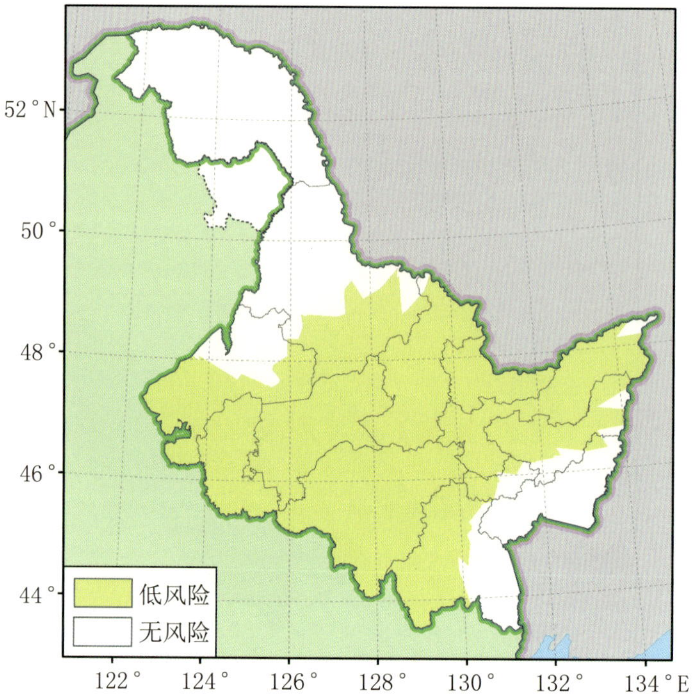

图 3.75　黑龙江省 11 月霾预警风险分布

3.12 12 月气象灾害预警风险图

黑龙江省12月加速进入冬季，气温越来越低，降水性质为雪。全省各地月平均气温为-27.5～-10.9 ℃。各地月平均降水量为2.8～11.9 mm，降水分布自西南向东北递增。

黑龙江省12月主要气象灾害预警类型有暴雪、大风、大雾、道路结冰、寒潮、霾。寒潮预警风险较高的是大兴安岭、伊春、绥化、哈尔滨、佳木斯、鹤岗及黑河的部分地区。黑龙江省12月各类预警风险分布如图3.76～3.81所示。

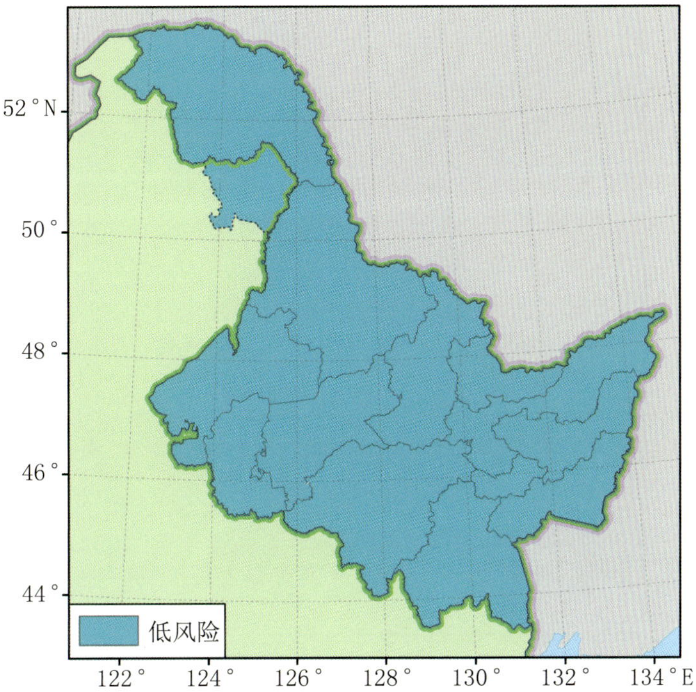

图 3.76　黑龙江省 12 月暴雪预警风险分布

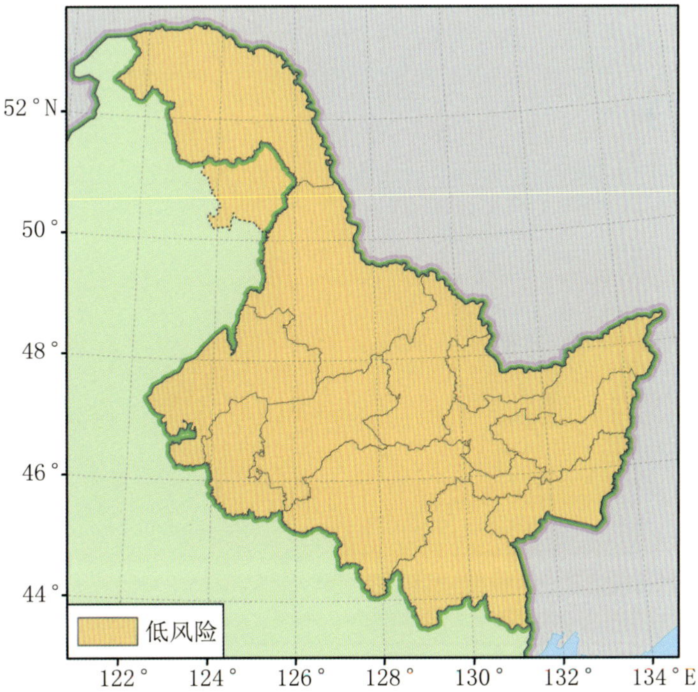

图 3.77　黑龙江省 12 月大风预警风险分布

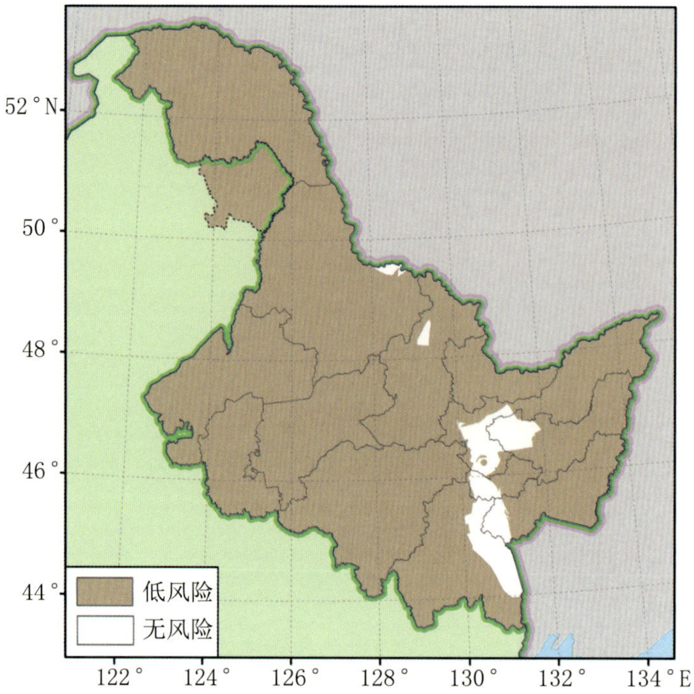

图 3.78　黑龙江省 12 月大雾预警风险分布

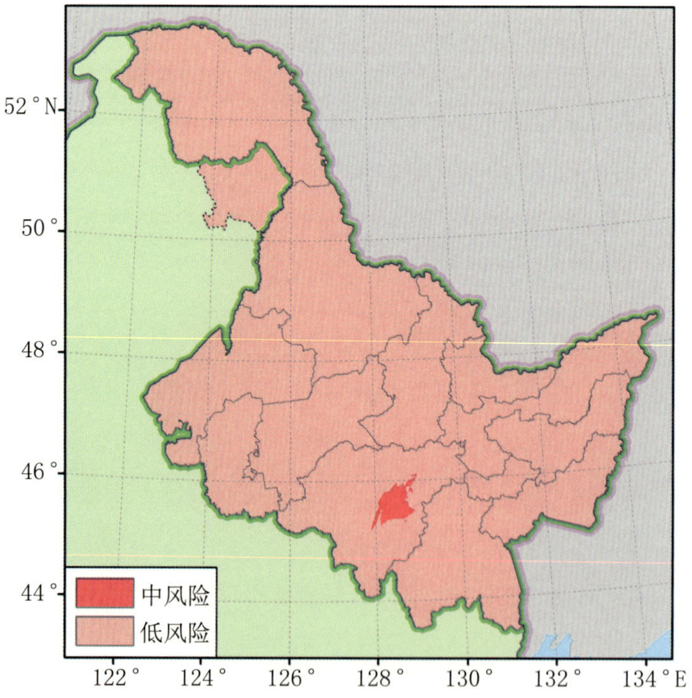

图 3.79　黑龙江省 12 月道路结冰预警风险分布

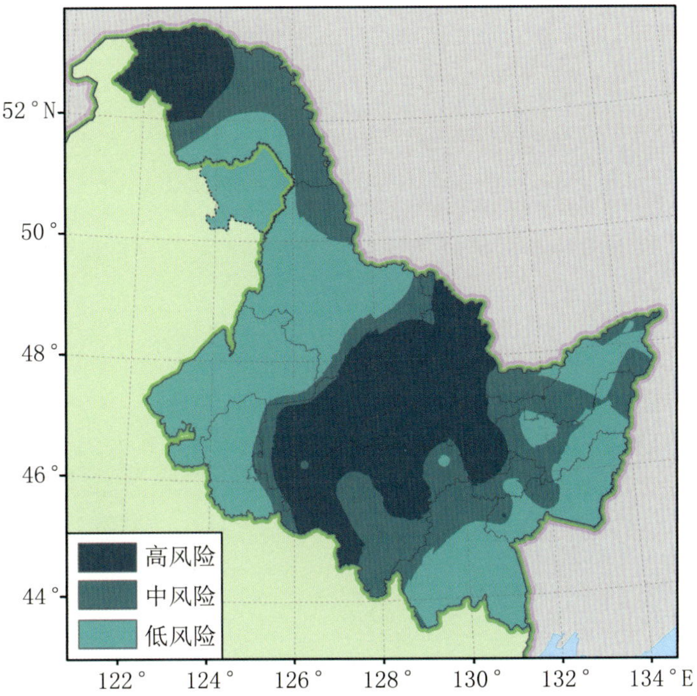

图 3.80　黑龙江省 12 月寒潮预警风险分布

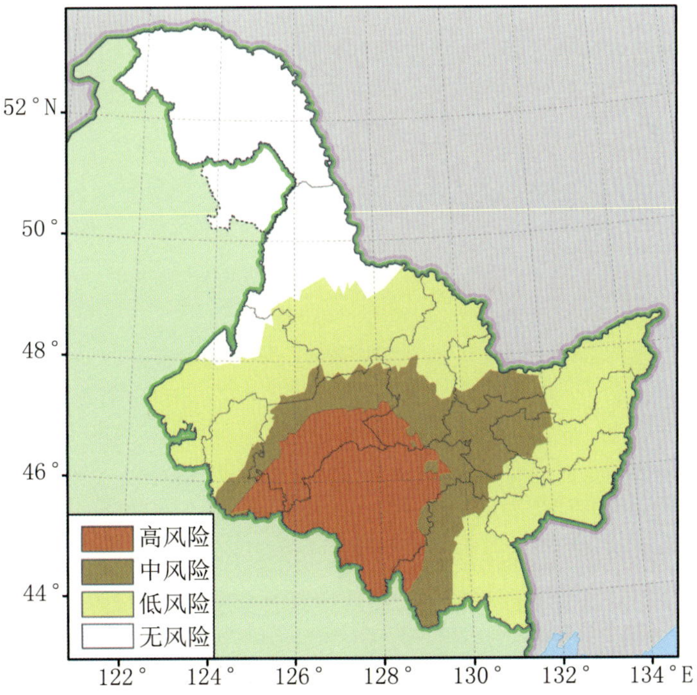

图 3.81　黑龙江省 12 月霾预警风险分布

第 4 章
黑龙江省月平均气象灾害预警序列图

月平均气象灾害预警序列图是黑龙江省各月份预警信息发布的平均值。预警月平均值最高的月份在11月，平均值为41；平均值较小的月份出现在冬季(12月至次年2月)。月平均预警发布数量变化较大的月份是2—4月。黑龙江省1—12月平均(数据取自2018—2023年平均值)预警变化如图4.1～4.12所示。

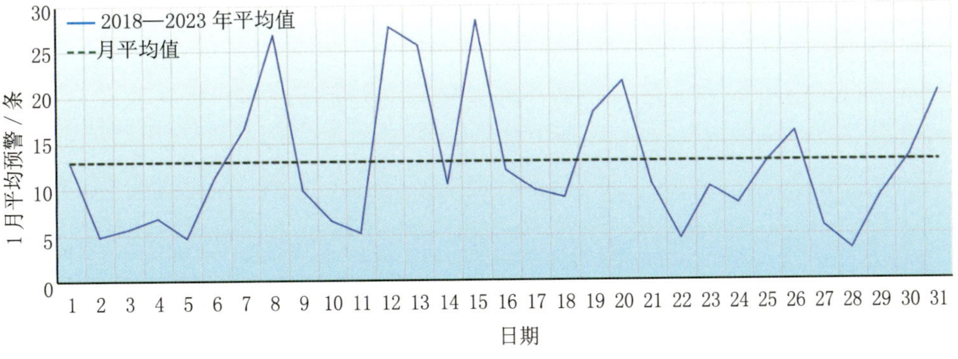

图4.1 黑龙江省1月平均预警变化

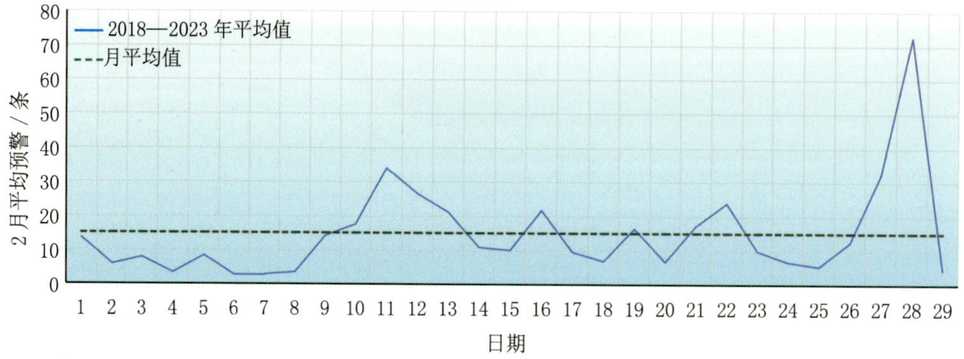

图 4.2　黑龙江省 2 月平均预警变化

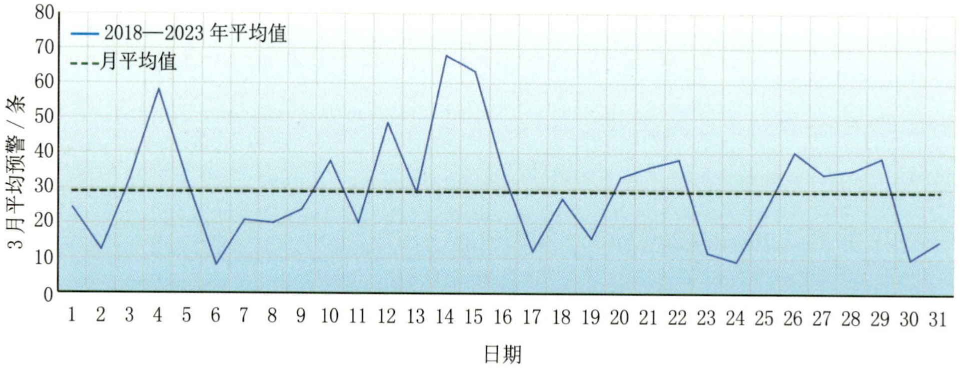

图 4.3　黑龙江省 3 月平均预警变化

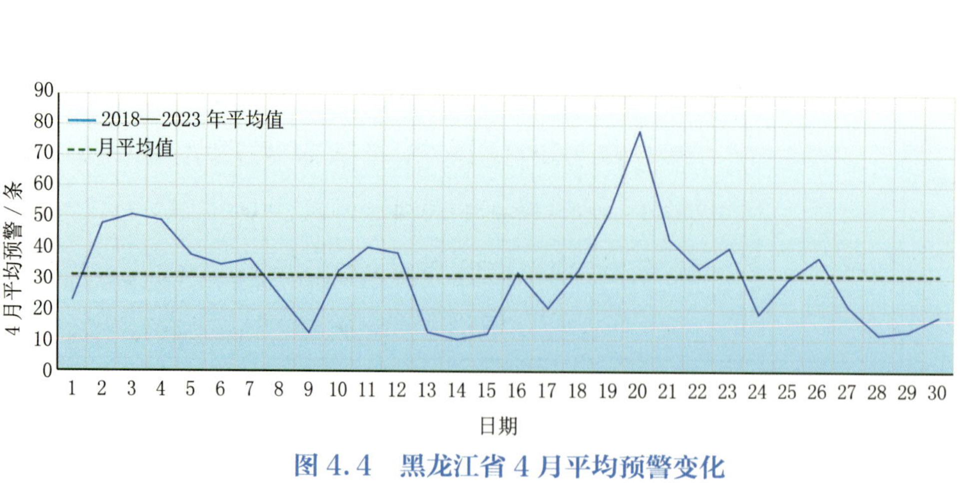

图 4.4　黑龙江省 4 月平均预警变化

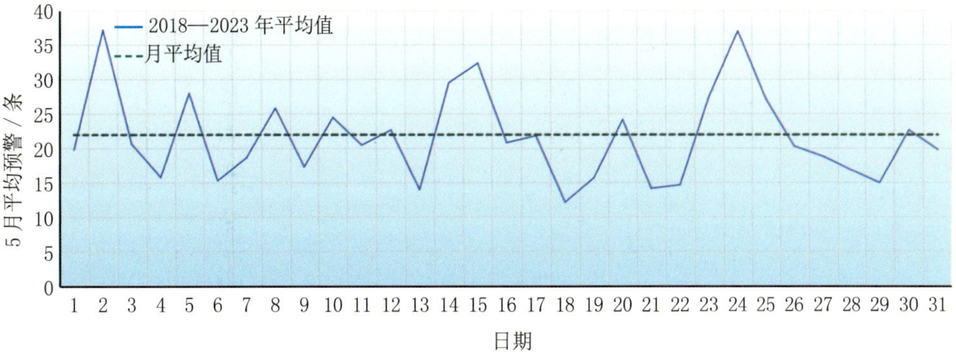

图4.5　黑龙江省5月平均预警变化

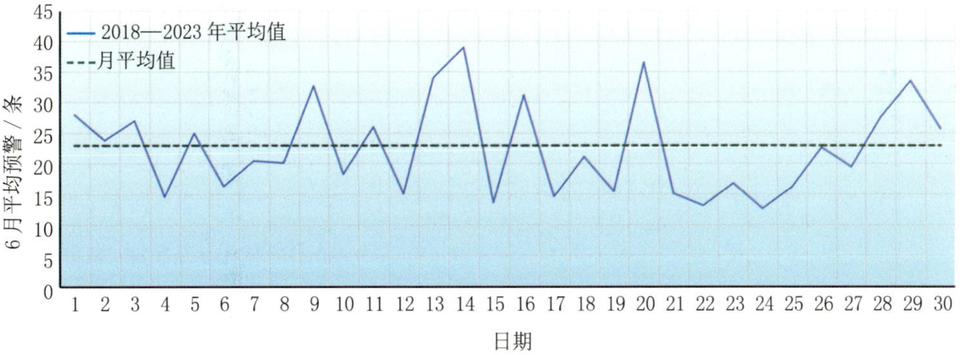

图4.6　黑龙江省6月平均预警变化

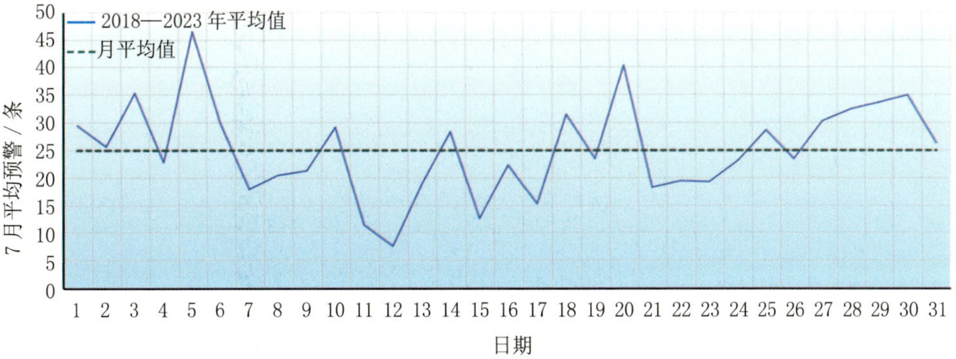

图4.7　黑龙江省7月平均预警变化

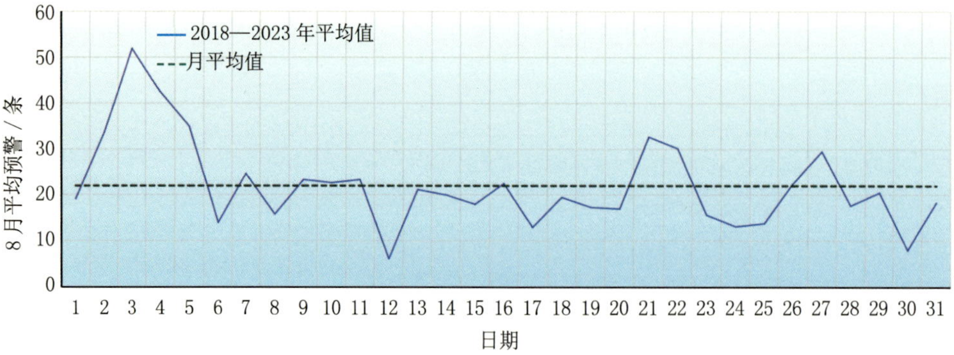

图 4.8　黑龙江省 8 月平均预警变化

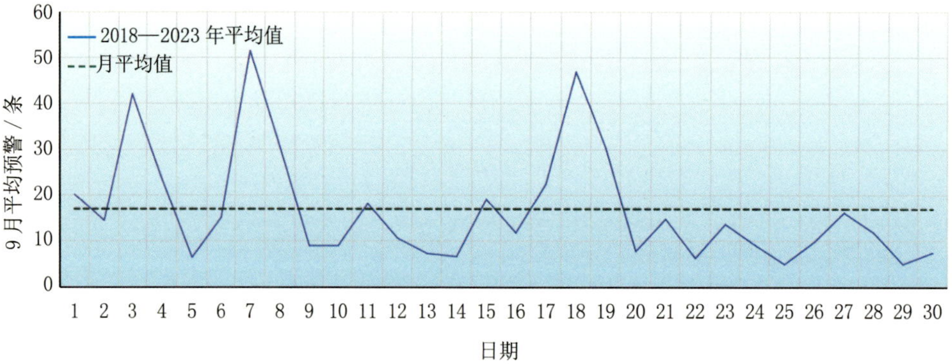

图 4.9　黑龙江省 9 月平均预警变化

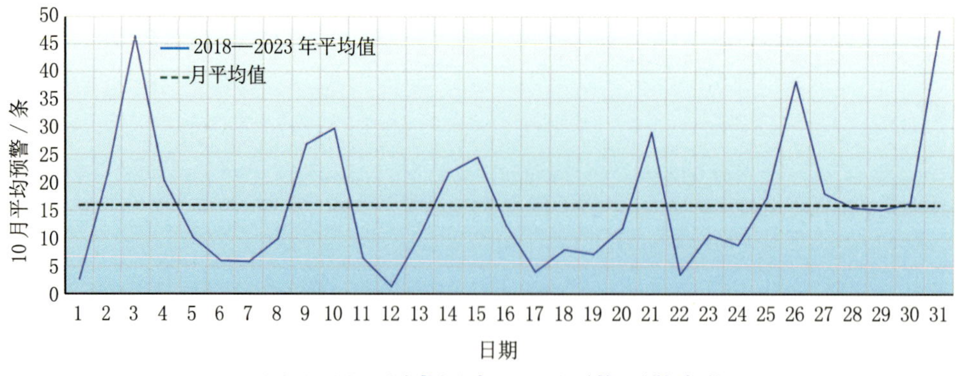

图 4.10　黑龙江省 10 月平均预警变化

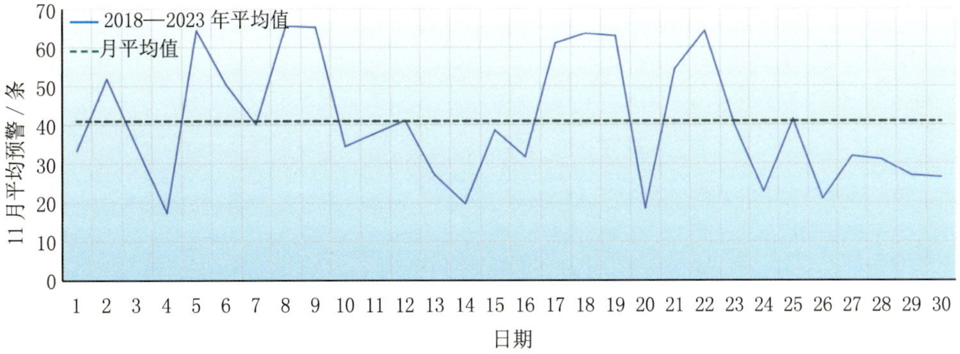

图 4.11 黑龙江省 11 月平均预警变化

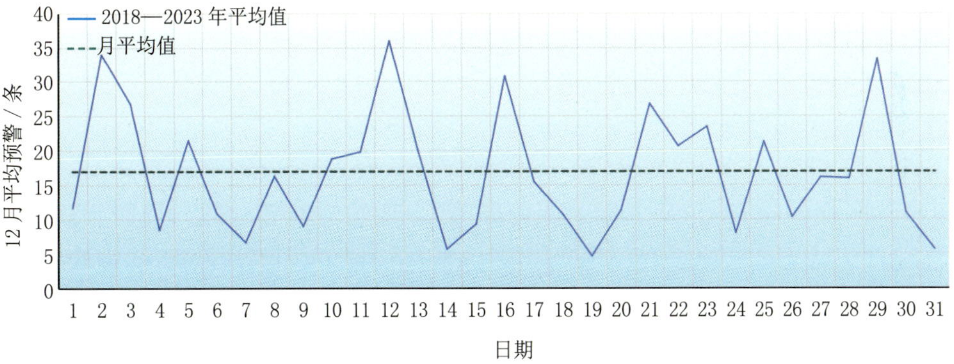

图 4.12 黑龙江省 12 月平均预警变化

第 5 章

黑龙江省主要气象灾害预警序列图

黑龙江省主要气象灾害预警序列图反映了各类气象灾害预警出现的月份与预警平均值，本章列举了黑龙江省13类主要气象灾害预警平均月变化，其中大风预警与大雾预警在黑龙江省全年各月份都会出现，大风预警发布数量最多的是4月，大雾预警发布最多的是7—9月。2018—2023年黑龙江省主要气象灾害预警平均月变化如图5.1～5.13所示。

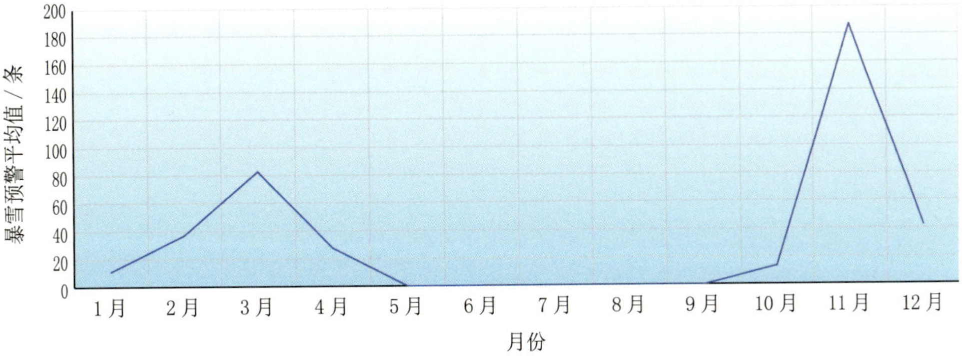

图5.1　黑龙江省暴雪预警平均月变化

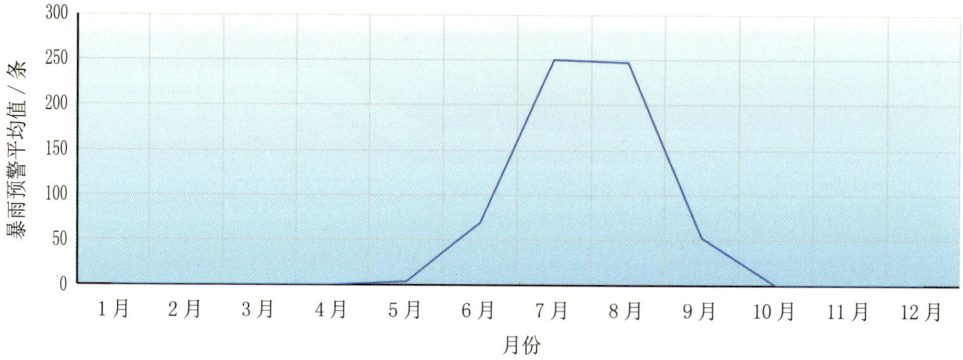

图 5.2 黑龙江省暴雨预警平均月变化

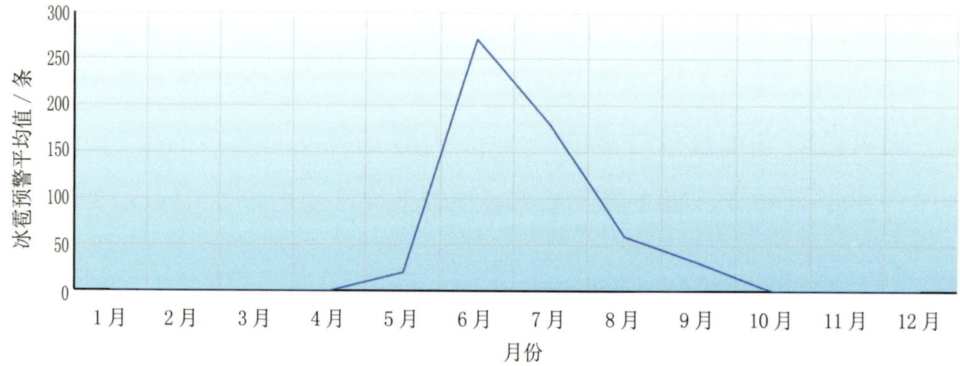

图 5.3 黑龙江省冰雹预警平均月变化

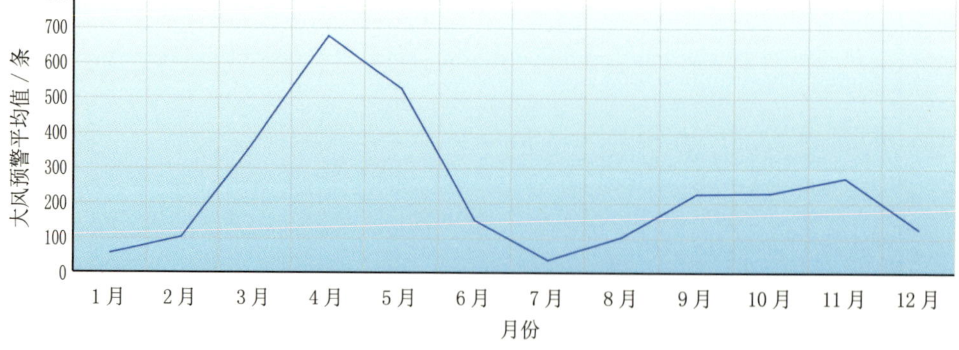

图 5.4 黑龙江省大风预警平均月变化

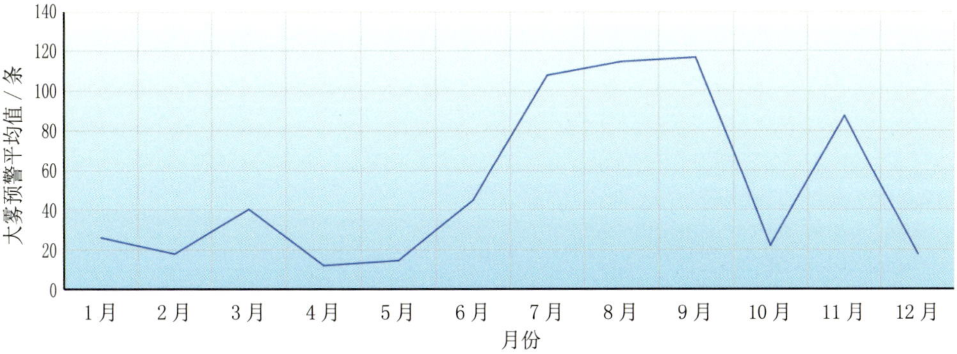

图 5.5 黑龙江省大雾预警平均月变化

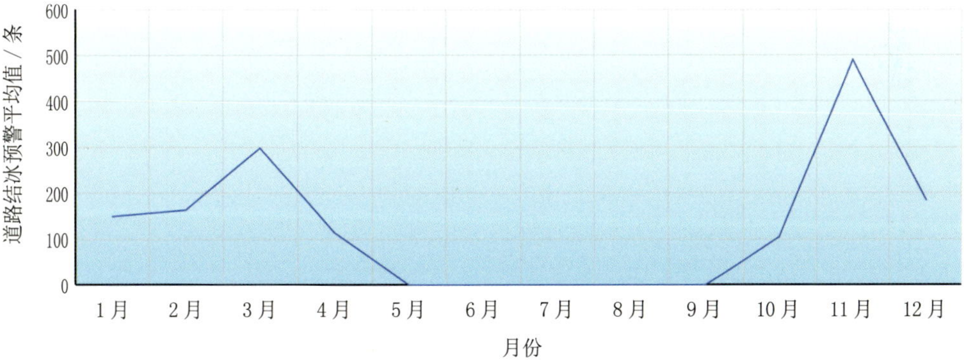

图 5.6 黑龙江省道路结冰预警平均月变化

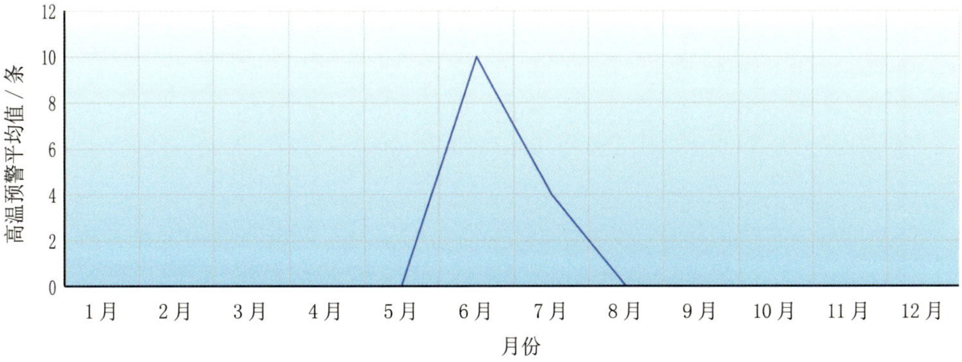

图 5.7 黑龙江省高温预警平均月变化

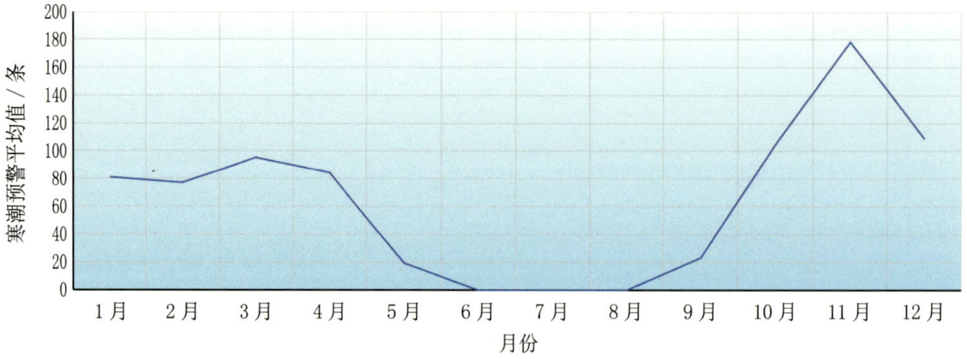

图 5.8 黑龙江省寒潮预警平均月变化

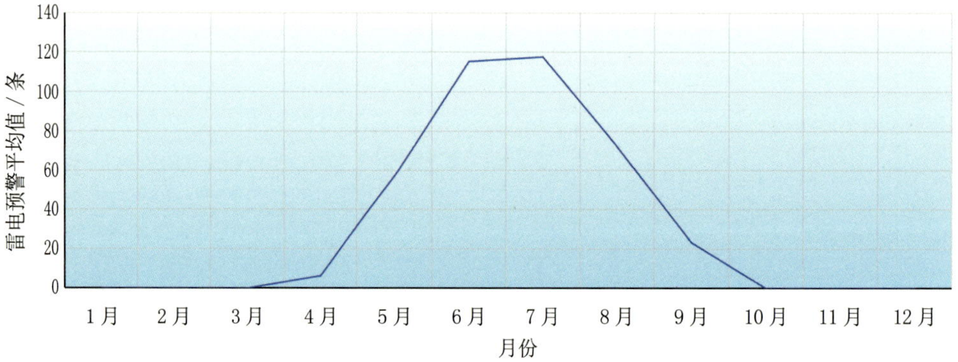

图 5.9 黑龙江省雷电预警平均月变化

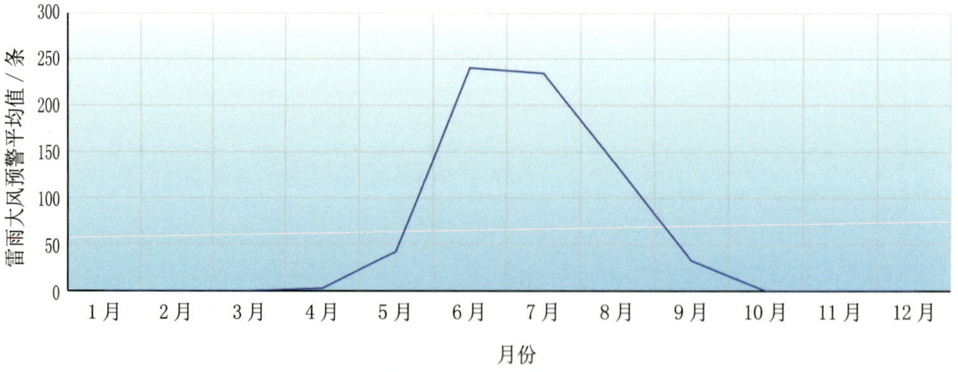

图 5.10 黑龙江省雷雨大风预警平均月变化

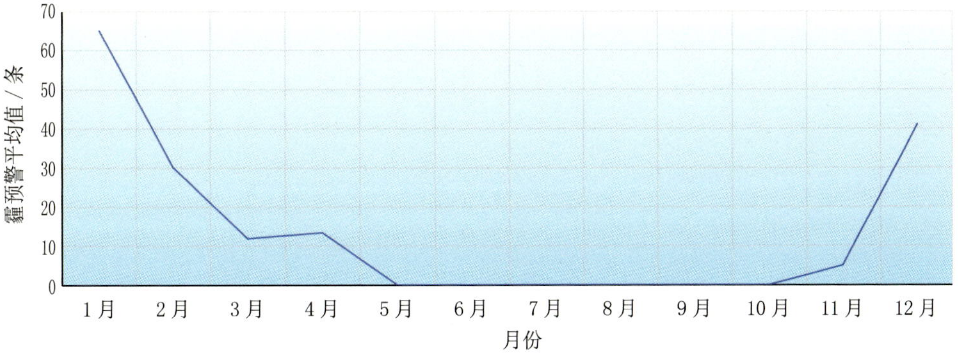

图 5.11　黑龙江省霾预警平均月变化

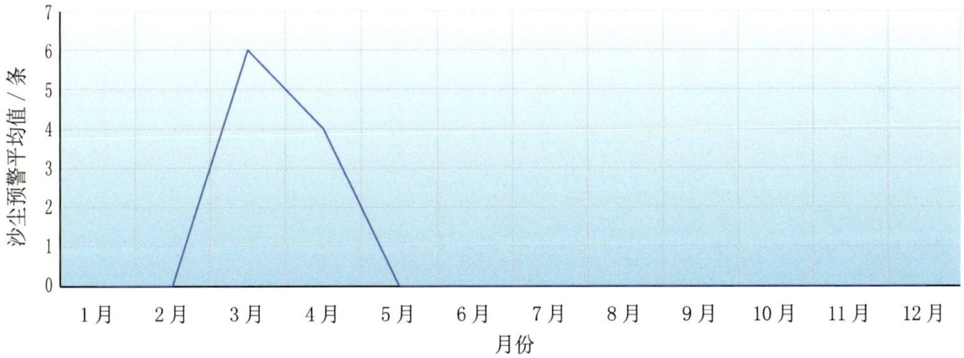

图 5.12　黑龙江省沙尘预警平均月变化

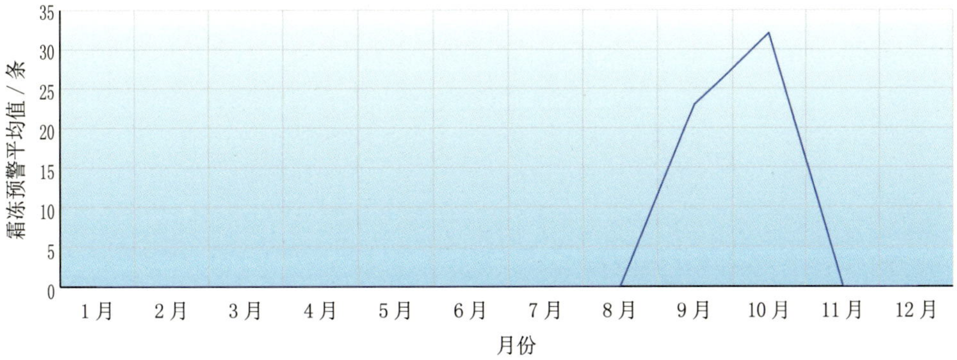

图 5.13　黑龙江省霜冻预警平均月变化

第 6 章

黑龙江省四季气象灾害预警风险图

6.1 春季气象灾害预警风险图

黑龙江省春季(3—5月)主要气象灾害预警类型有暴雪、暴雨、冰雹、大风、大雾、道路结冰、寒潮、雷电、雷雨大风、霾、沙尘。大风预警风险较高的是全省大部分地区。黑龙江省春季各类气象灾害预警风险分布如图6.1～6.11所示。

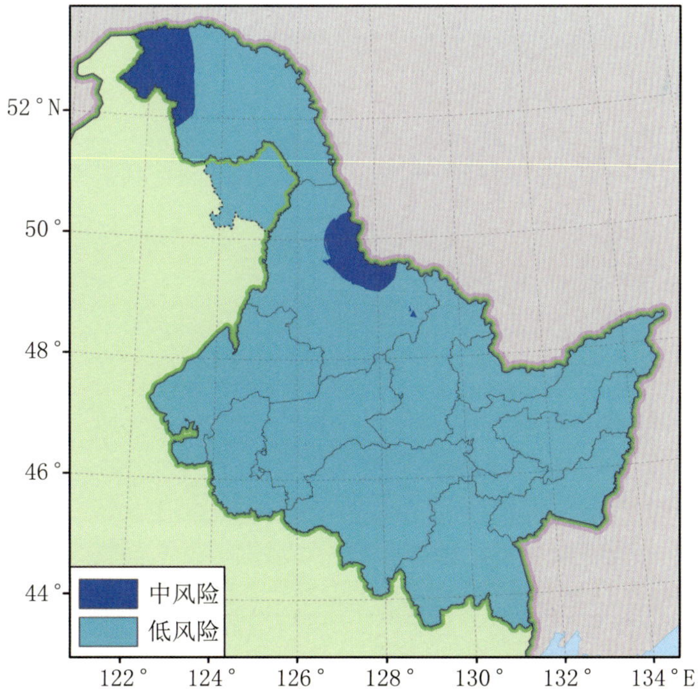

图 6.1 黑龙江省春季暴雪预警风险分布

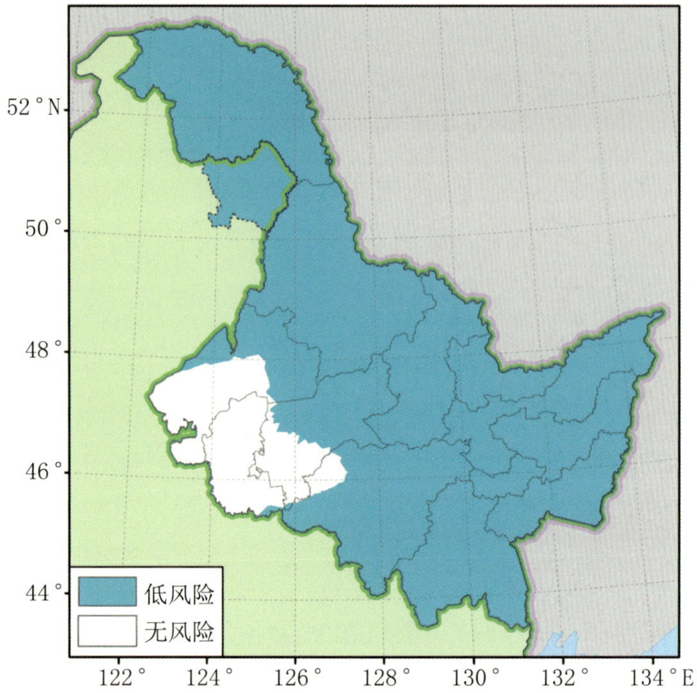

图 6.2 黑龙江省春季暴雨预警风险分布

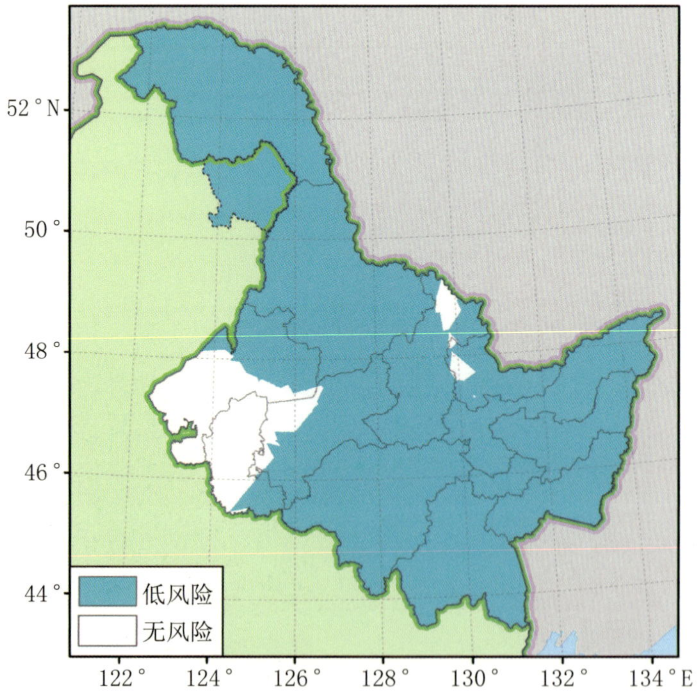

图 6.3 黑龙江省春季冰雹预警风险分布

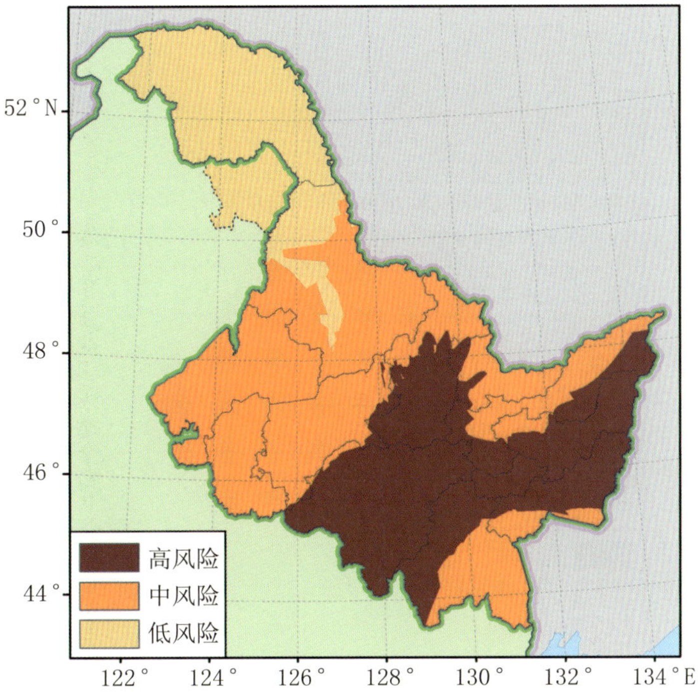

图 6.4　黑龙江省春季大风预警风险分布

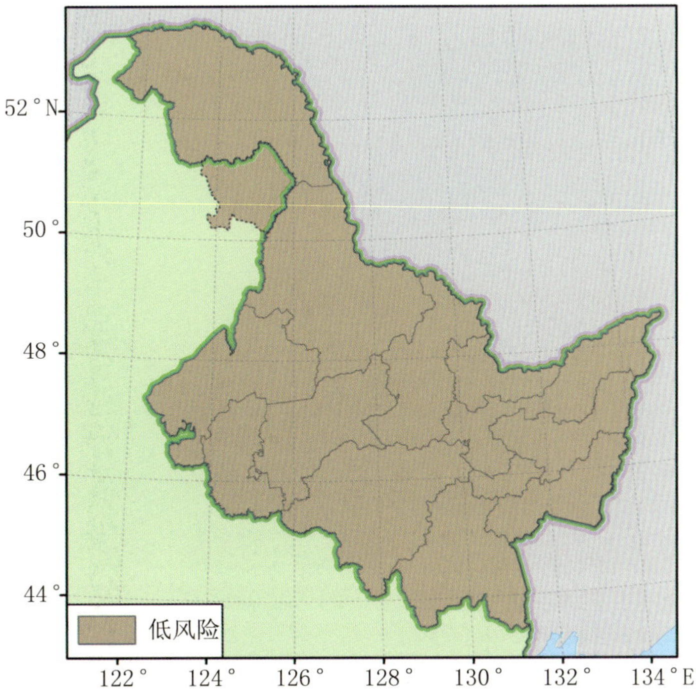

图 6.5　黑龙江省春季大雾预警风险分布

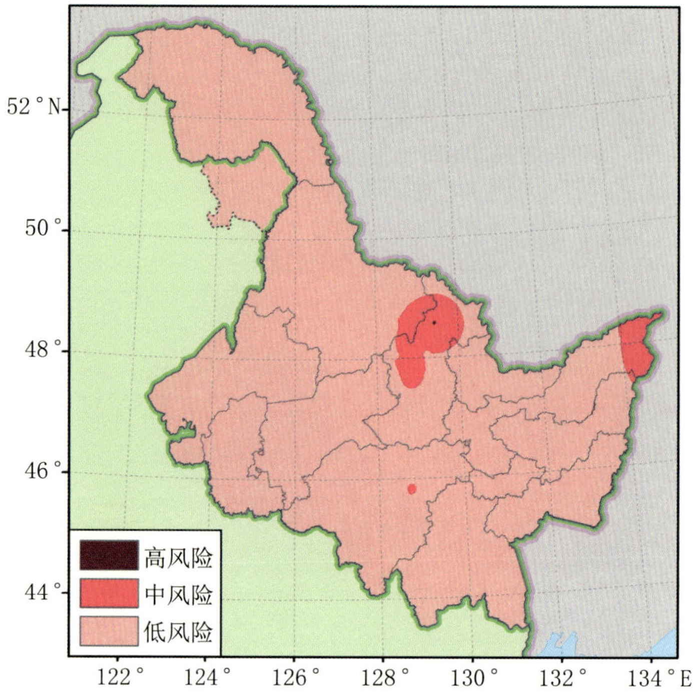

图 6.6　黑龙江省春季道路结冰预警风险分布

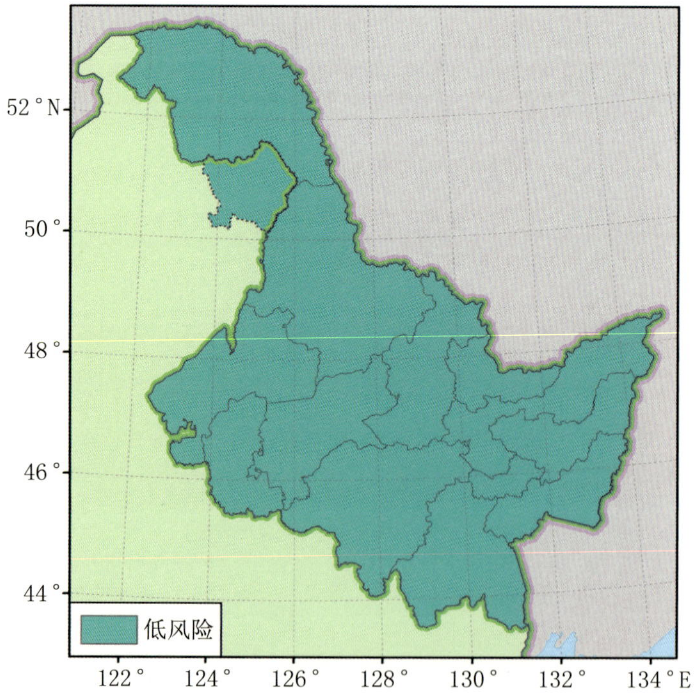

图 6.7　黑龙江省春季寒潮预警风险分布

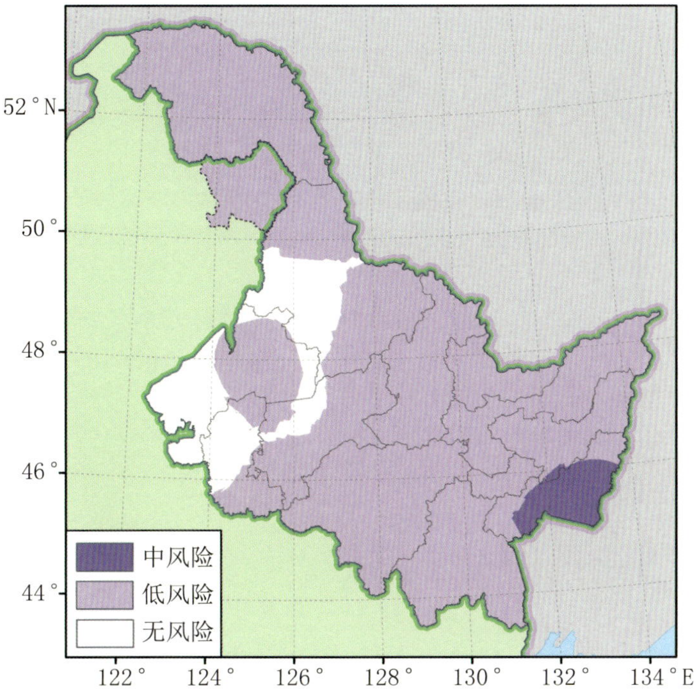

图 6.8 黑龙江省春季雷电预警风险分布

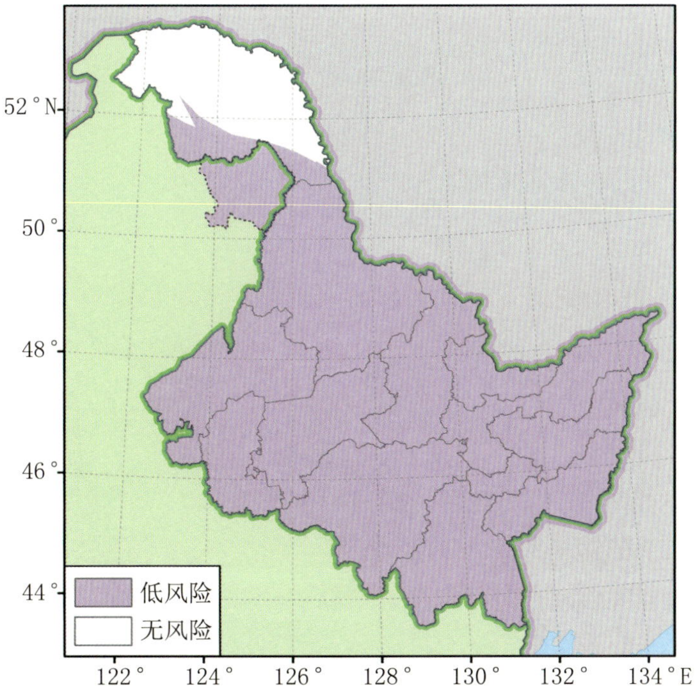

图 6.9 黑龙江省春季雷雨大风预警风险分布

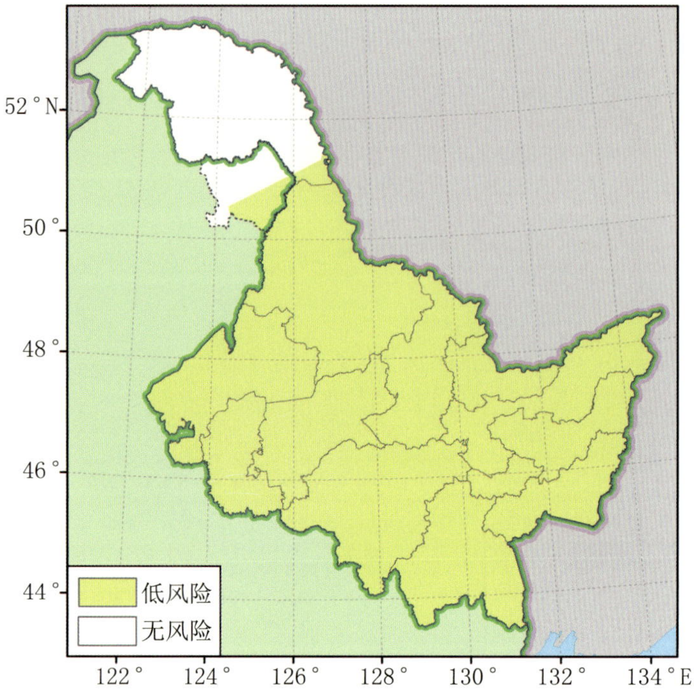

图 6.10　黑龙江省春季霾预警风险分布

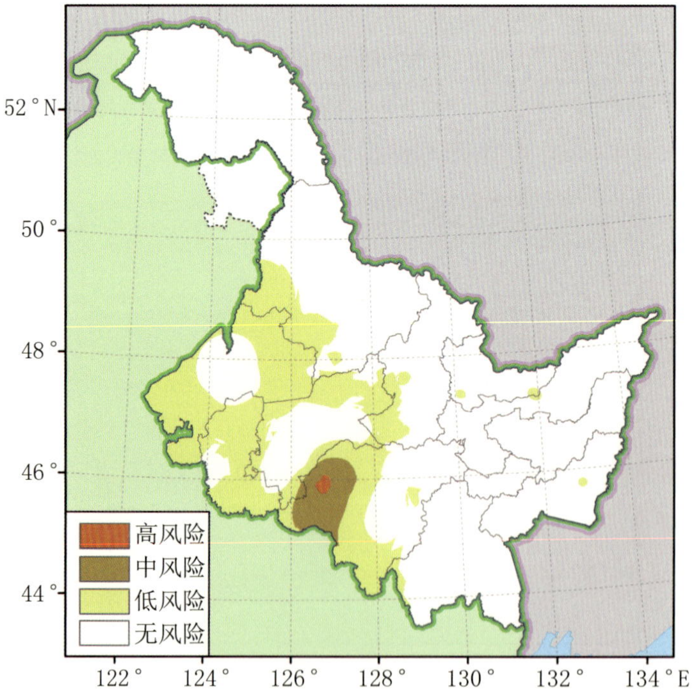

图 6.11　黑龙江省春季沙尘预警风险分布

6.2 夏季气象灾害预警风险图

黑龙江省夏季(6—8月)主要气象灾害预警类型有暴雨、冰雹、大风、大雾、高温、雷电、雷雨大风。暴雨预警风险较高的是黑河、齐齐哈尔、哈尔滨，大雾预警风险较高的是大兴安岭、黑河大部分地区、伊春及绥化、牡丹江、鸡西的部分地区，高温预警风险较高的是齐齐哈尔、大庆、绥化，雷雨大风预警风险较高的是哈尔滨、牡丹江、鸡西及伊春的部分地区。黑龙江省夏季各类气象灾害预警风险分布如图6.12～6.18所示。

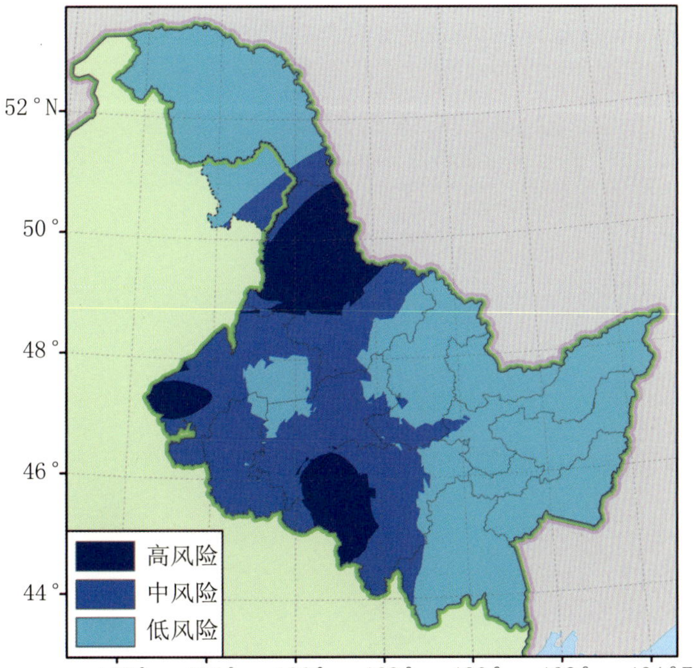

图 6.12　黑龙江省夏季暴雨预警风险分布

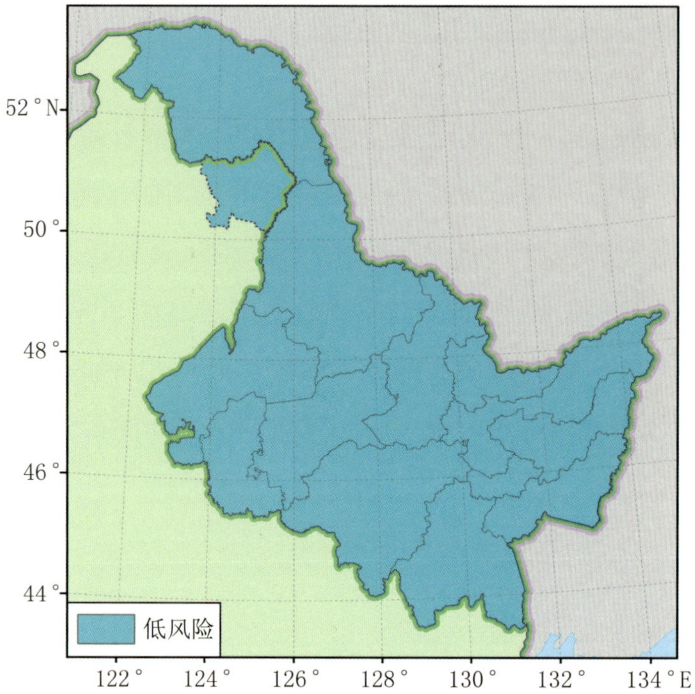

图 6.13 黑龙江省夏季冰雹预警风险分布

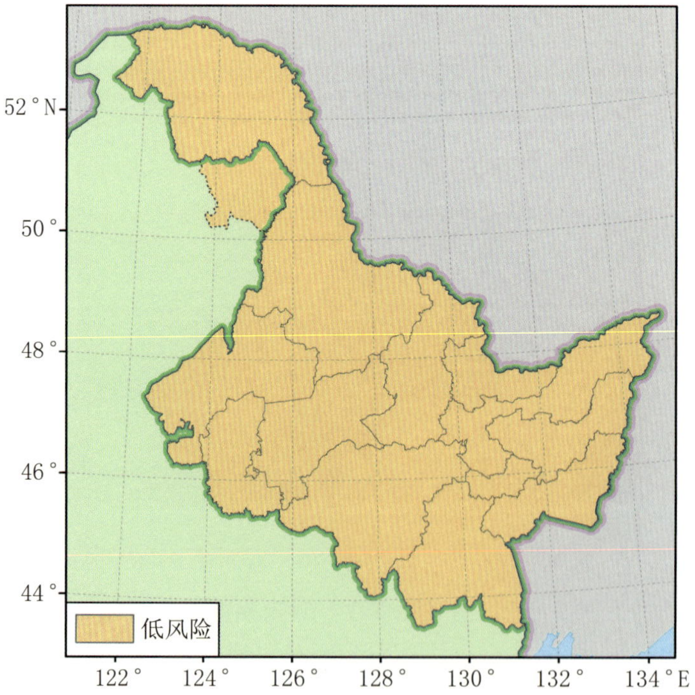

图 6.14 黑龙江省夏季大风预警风险分布

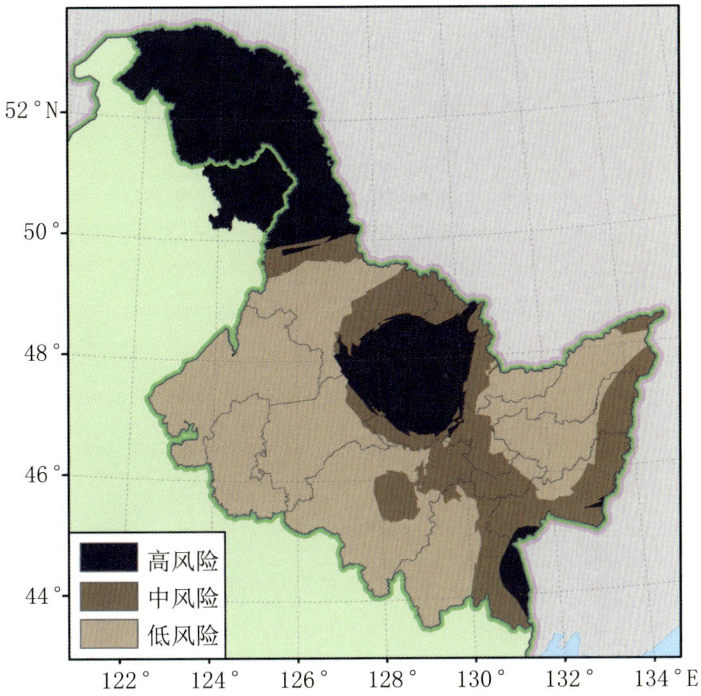

图 6.15　黑龙江省夏季大雾预警风险分布

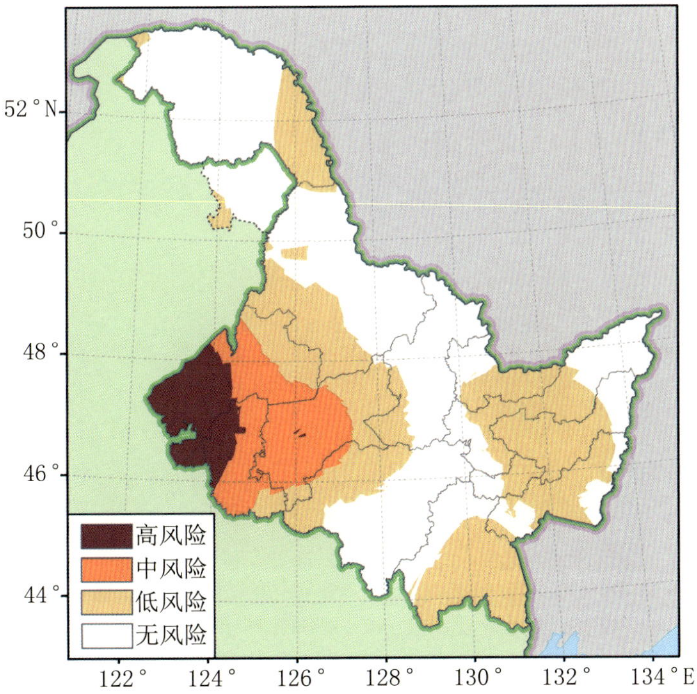

图 6.16　黑龙江省夏季高温预警风险分布

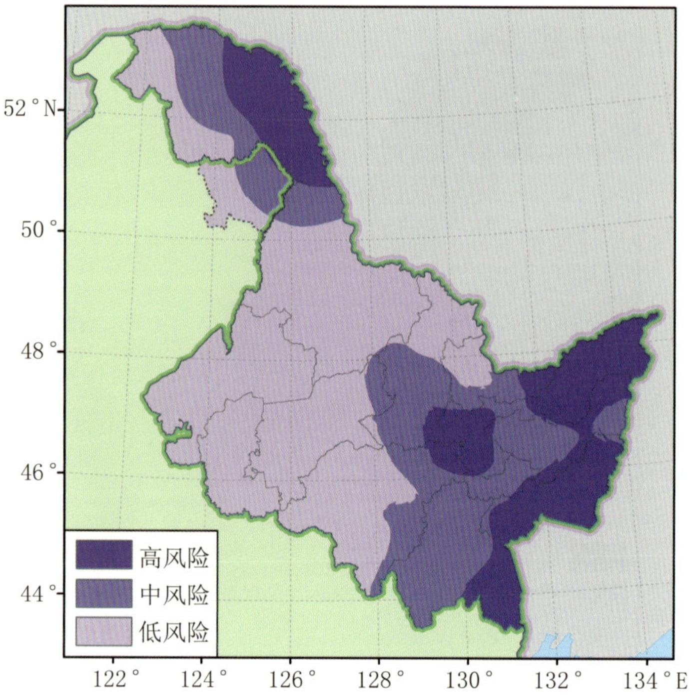

图 6.17　黑龙江省夏季雷电预警风险分布

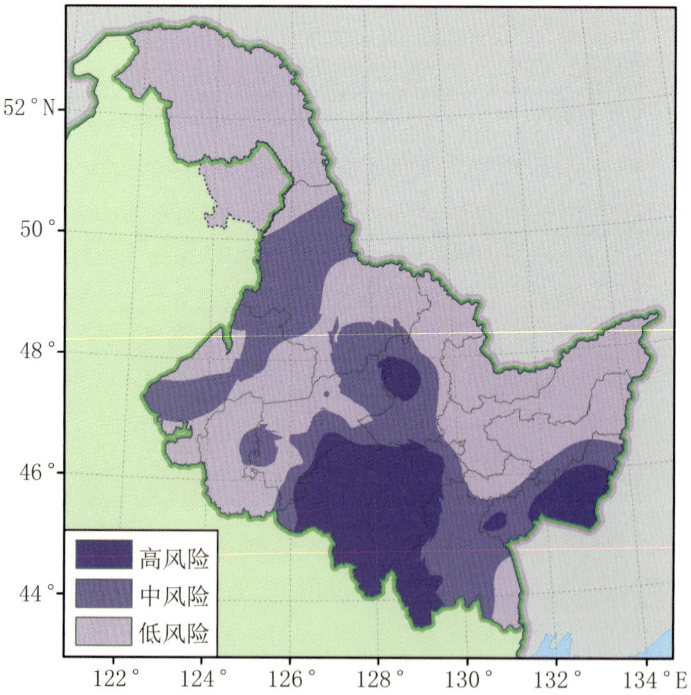

图 6.18　黑龙江省夏季雷雨大风预警风险分布

6.3 秋季气象灾害预警风险图

黑龙江省秋季(9—11月)主要气象灾害预警类型有暴雪、暴雨、冰雹、大风、大雾、道路结冰、寒潮、雷电、雷雨大风、霾、霜冻。暴雪预警风险较高的是全省东南部，大雾预警风险较高的是全省中部，道路结冰预警风险较高的是全省东南部。黑龙江省秋季各类气象灾害预警风险分布如图6.19～6.29所示。

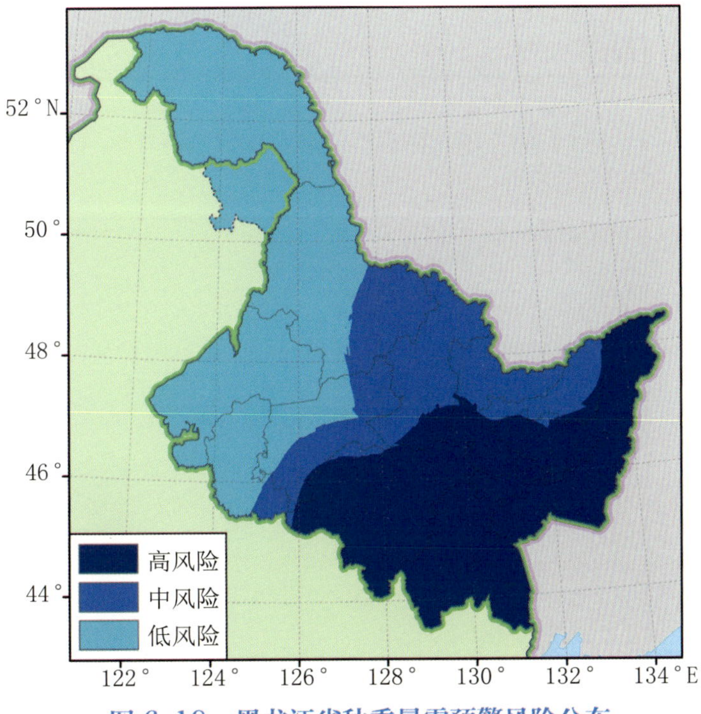

图 6.19　黑龙江省秋季暴雪预警风险分布

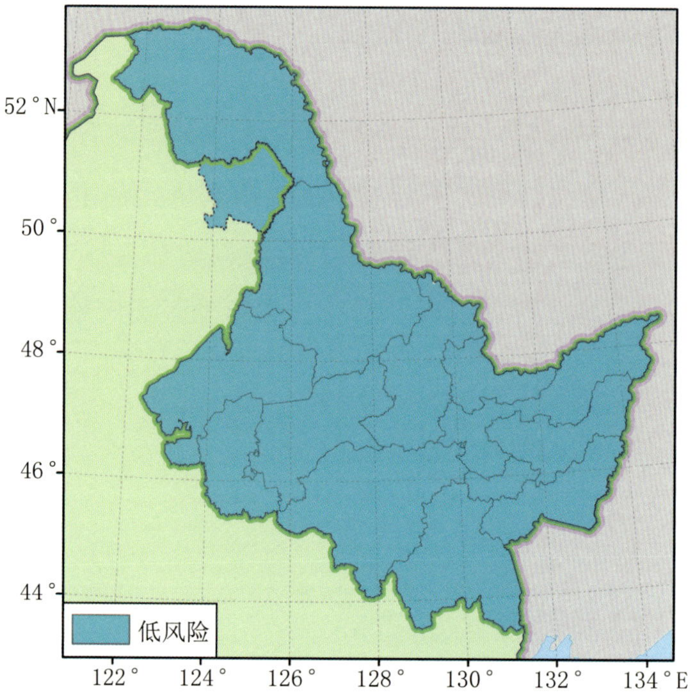

图 6.20　黑龙江省秋季暴雨预警风险分布

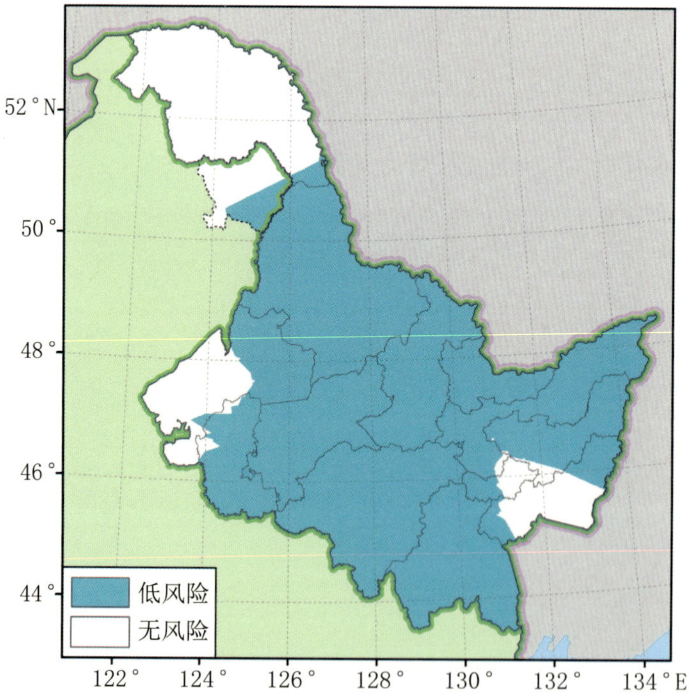

图 6.21　黑龙江省秋季冰雹预警风险分布

图 6.22　黑龙江省秋季大风预警风险分布

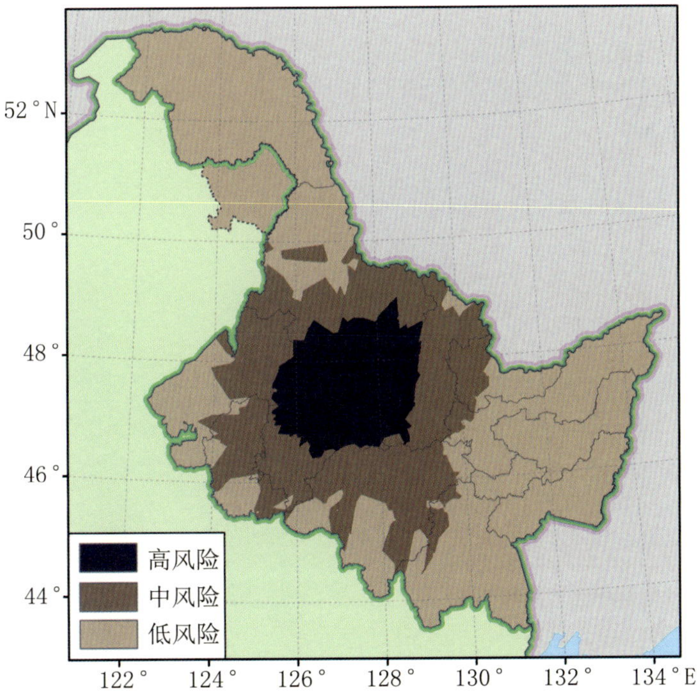

图 6.23　黑龙江省秋季大雾预警风险分布

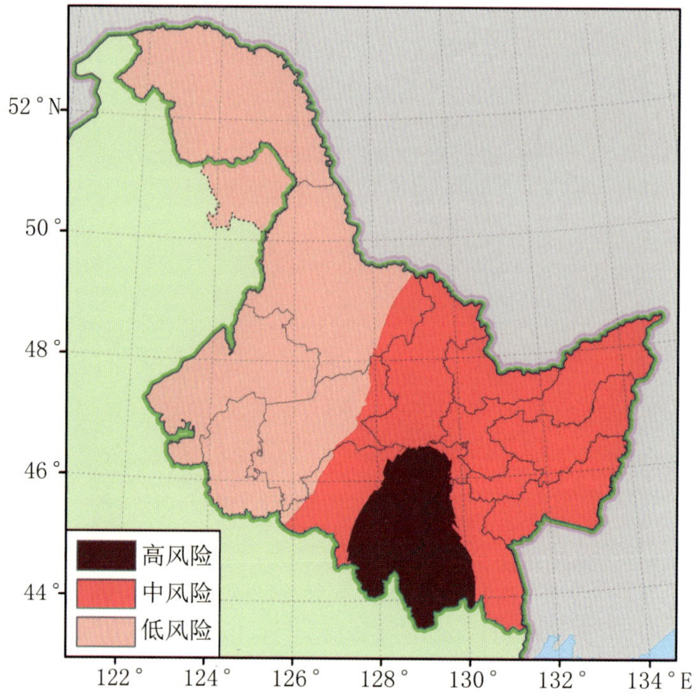

图 6.24　黑龙江省秋季道路结冰预警风险分布

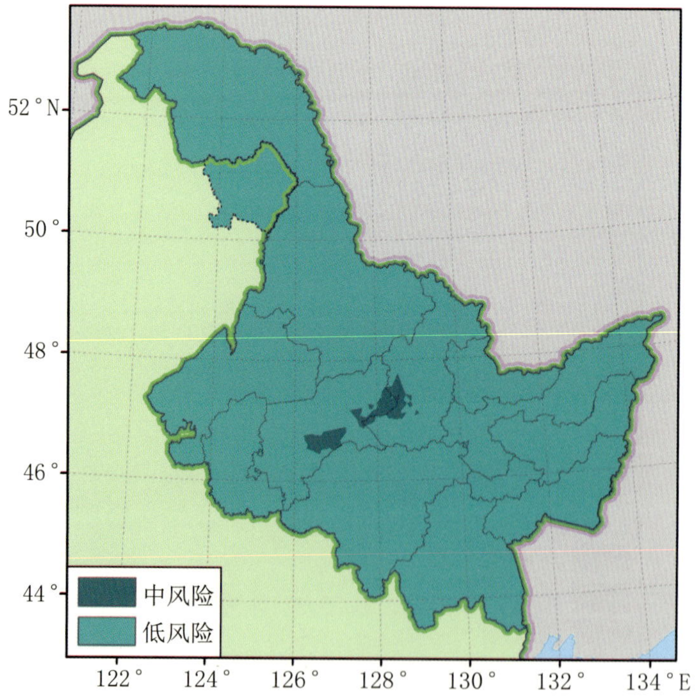

图 6.25　黑龙江省秋季寒潮预警风险分布

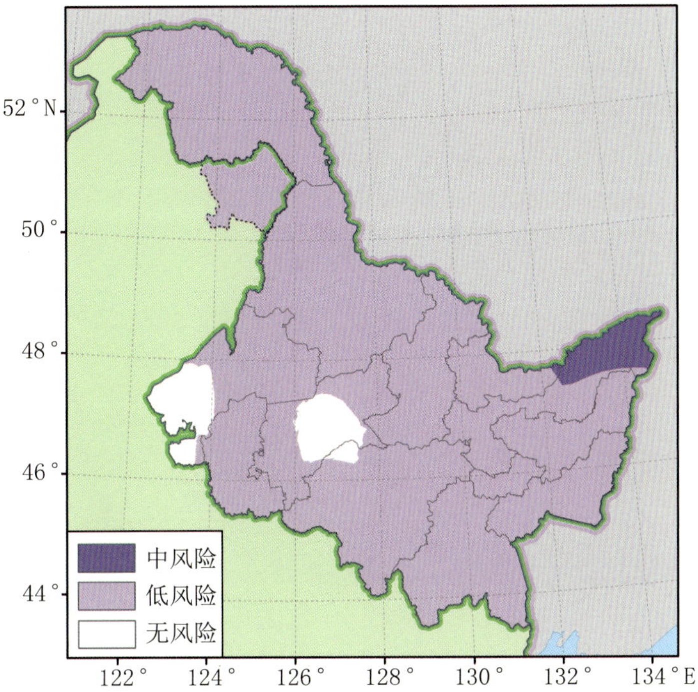

图 6.26　黑龙江省秋季雷电预警风险分布

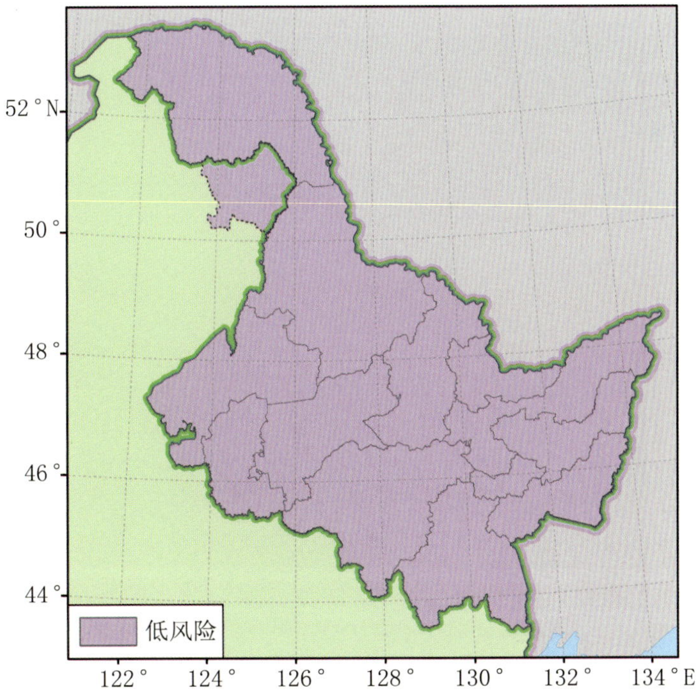

图 6.27　黑龙江省秋季雷雨大风预警风险分布

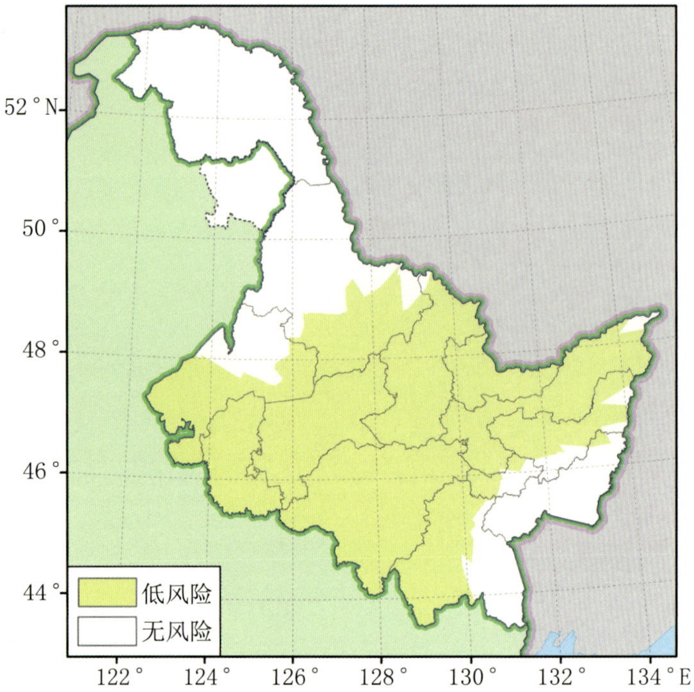

图 6.28　黑龙江省秋季霾预警风险分布

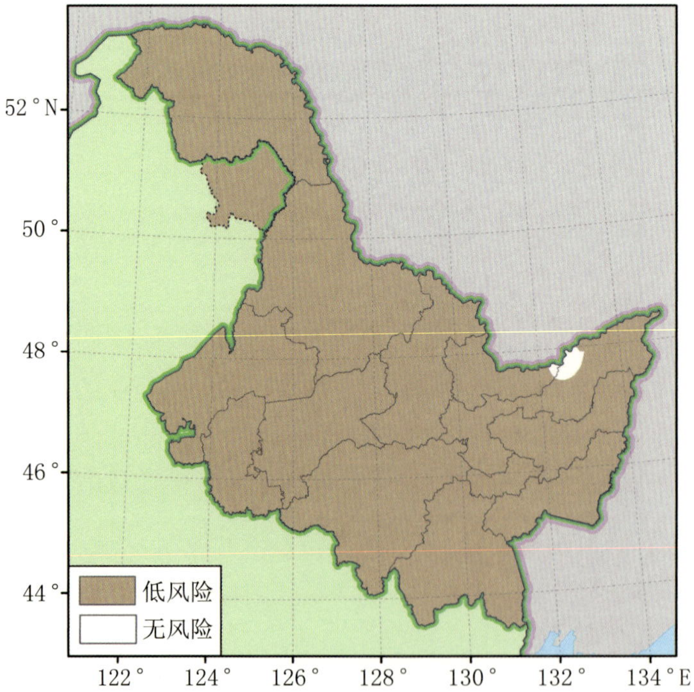

图 6.29　黑龙江省秋季霜冻预警风险分布

6.4 冬季气象灾害预警风险图

黑龙江省冬季(12月至次年2月)主要气象灾害预警类型有暴雪、大风、大雾、道路结冰、寒潮、霾。寒潮预警风险较高的是伊春、哈尔滨以及黑河、绥化、鹤岗、佳木斯的部分地区，霾预警风险较高的是哈尔滨、绥化以及大庆、牡丹江的小部分地区，大雾预警的高风险区域是绥化中部。黑龙江省冬季各类气象灾害预警风险分布如图6.30～6.35所示。

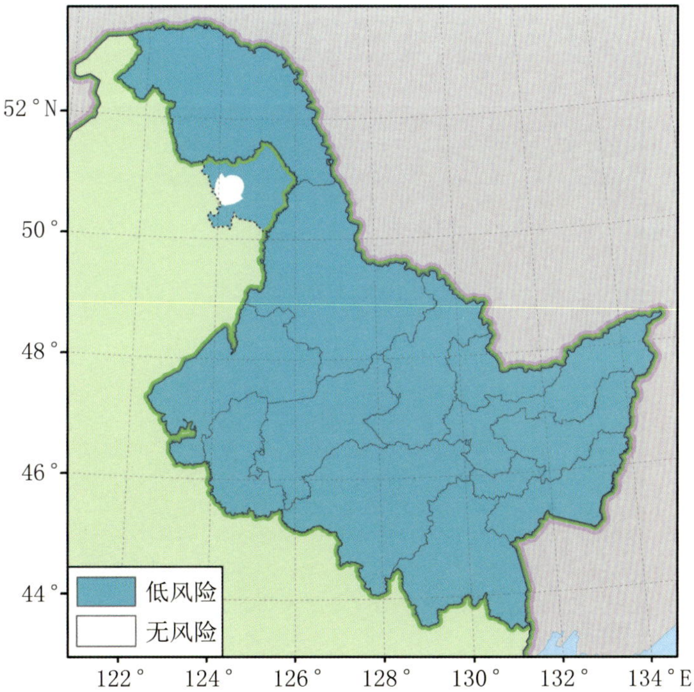

图6.30 黑龙江省冬季暴雪预警风险分布

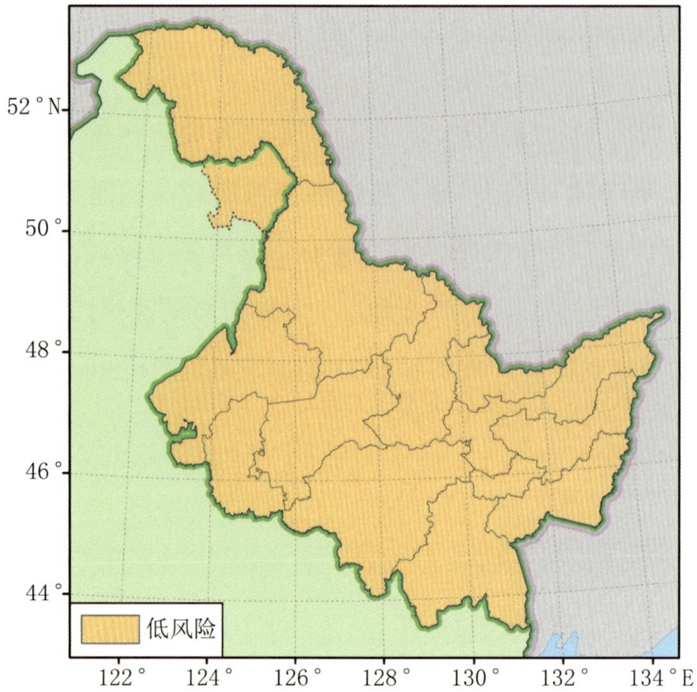

图 6.31 黑龙江省冬季大风预警风险分布

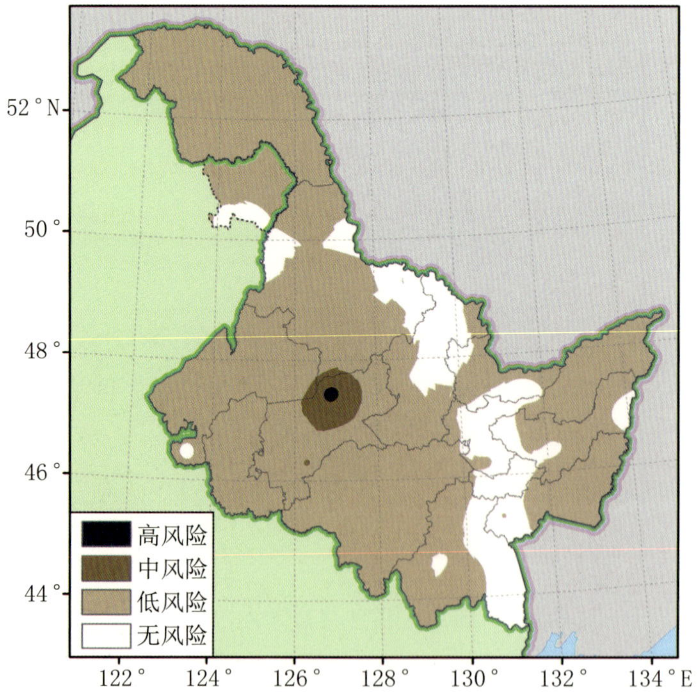

图 6.32 黑龙江省冬季大雾预警风险分布

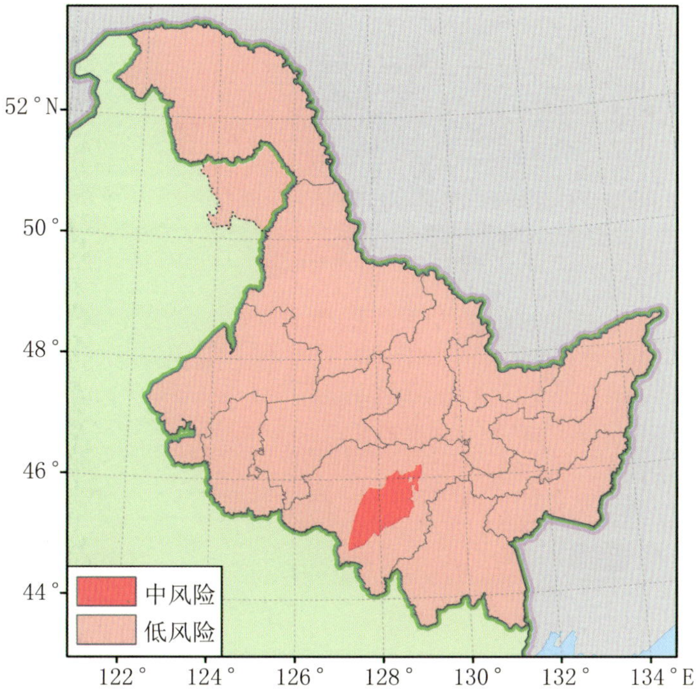

图 6.33　黑龙江省冬季道路结冰预警风险分布

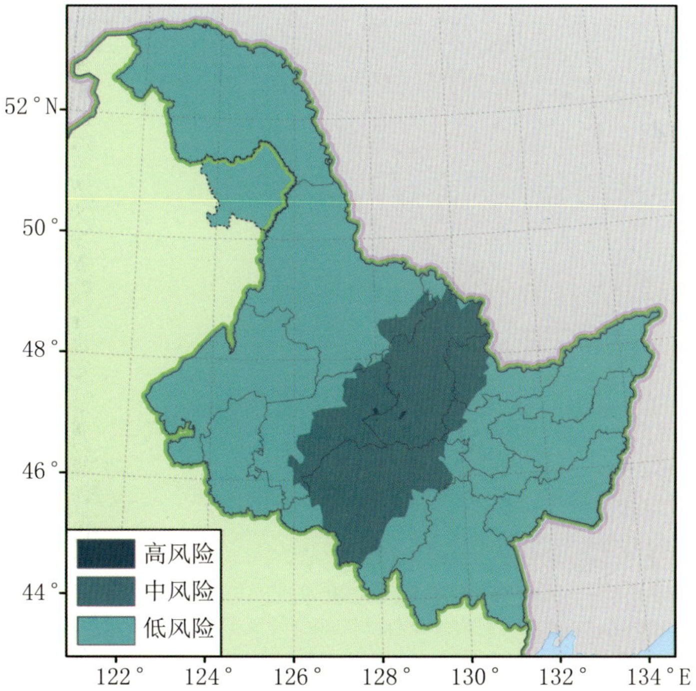

图 6.34　黑龙江省冬季寒潮预警风险分布

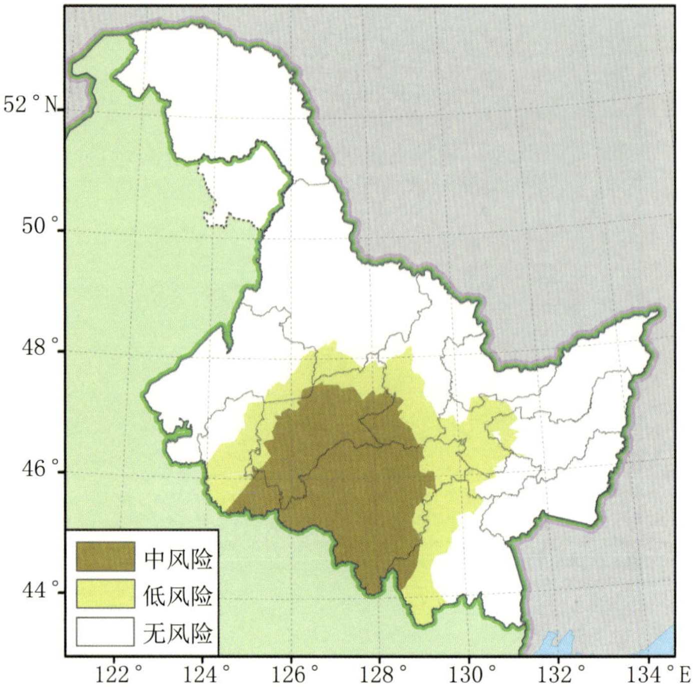

图 6.35　黑龙江省冬季霾预警风险分布

第 7 章

黑龙江省年度气象灾害预警风险图

年度气象灾害预警风险是对黑龙江省13类主要气象灾害预警全年的发布风险进行分析。从全年的预警风险来看，冰雹预警、大风预警全年处在低风险等级，沙尘预警、高温预警的发布风险范围最小，大雾预警、高温预警、雷电预警、霾预警、沙尘预警有高风险地区。黑龙江省年度各类气象灾害预警风险分布如图7.1～7.13所示。

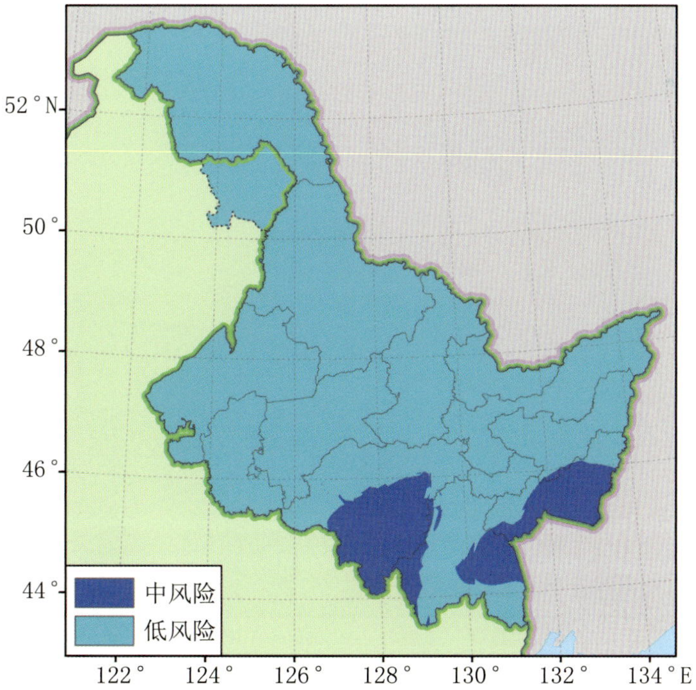

图7.1 黑龙江省全年暴雪预警风险分布

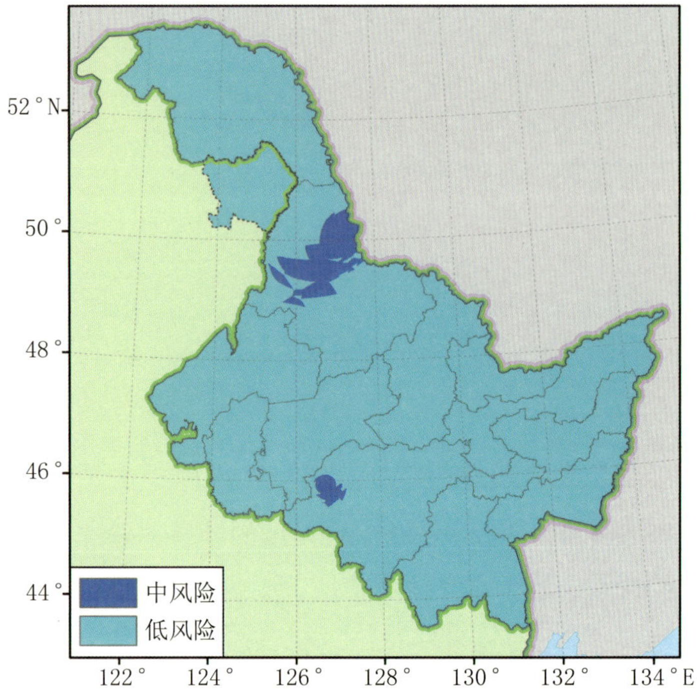

图 7.2　黑龙江省全年暴雨预警风险分布

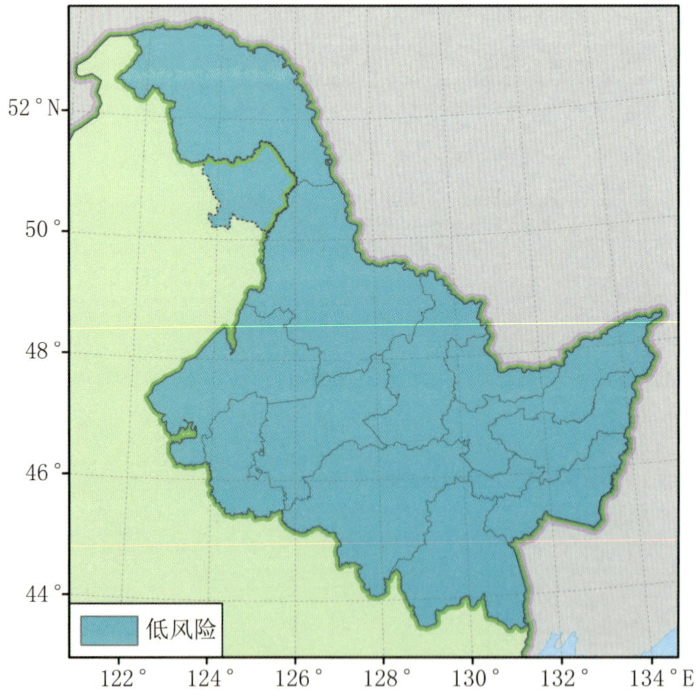

图 7.3　黑龙江省全年冰雹预警风险分布

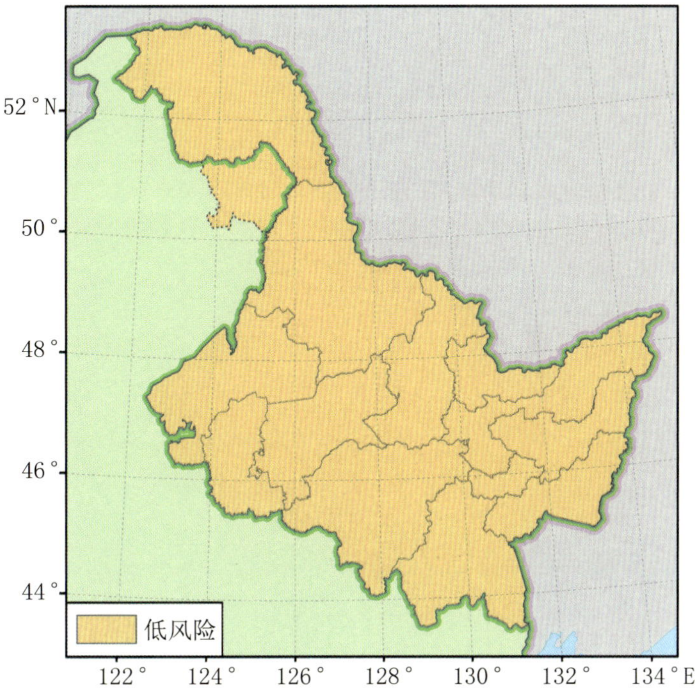

图 7.4　黑龙江省全年大风预警风险分布

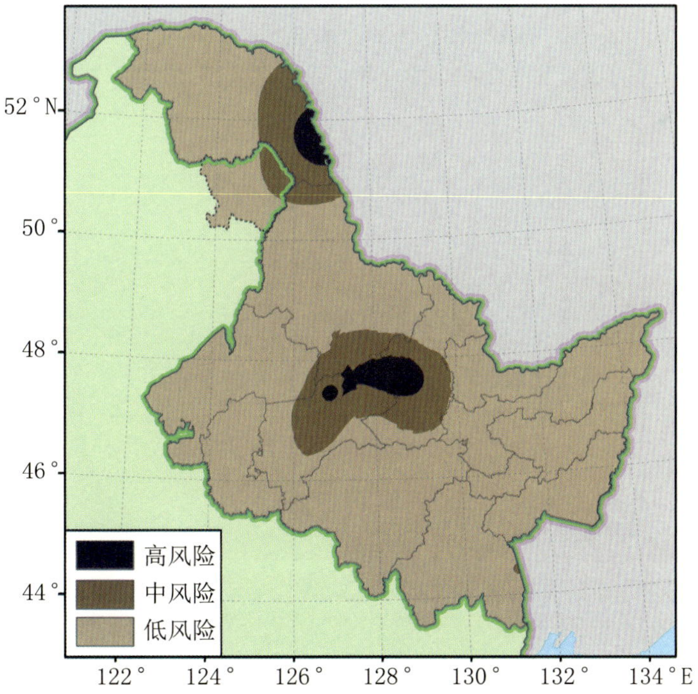

图 7.5　黑龙江省全年大雾预警风险分布

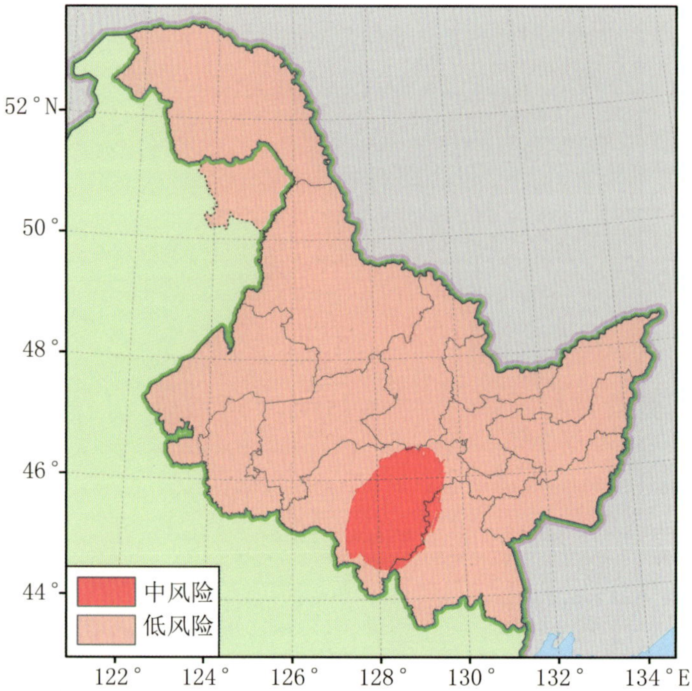

图 7.6　黑龙江省全年道路结冰预警风险分布

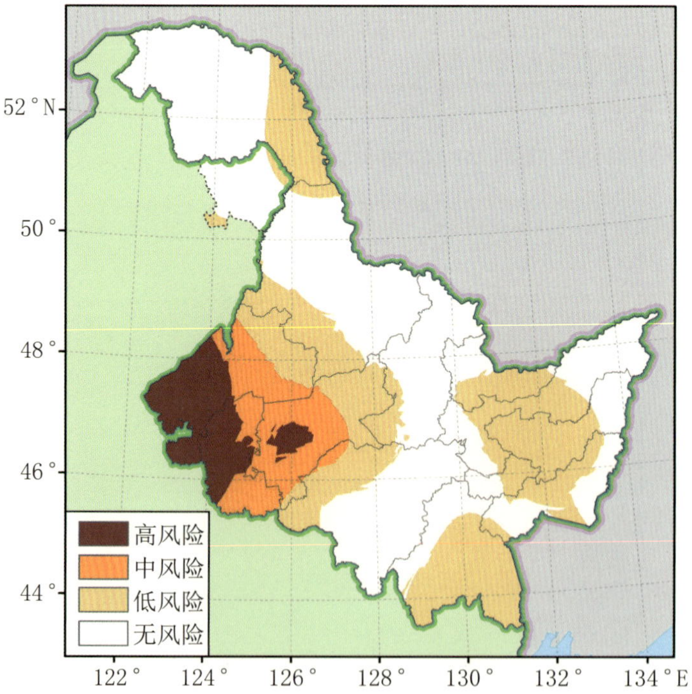

图 7.7　黑龙江省全年高温预警风险分布

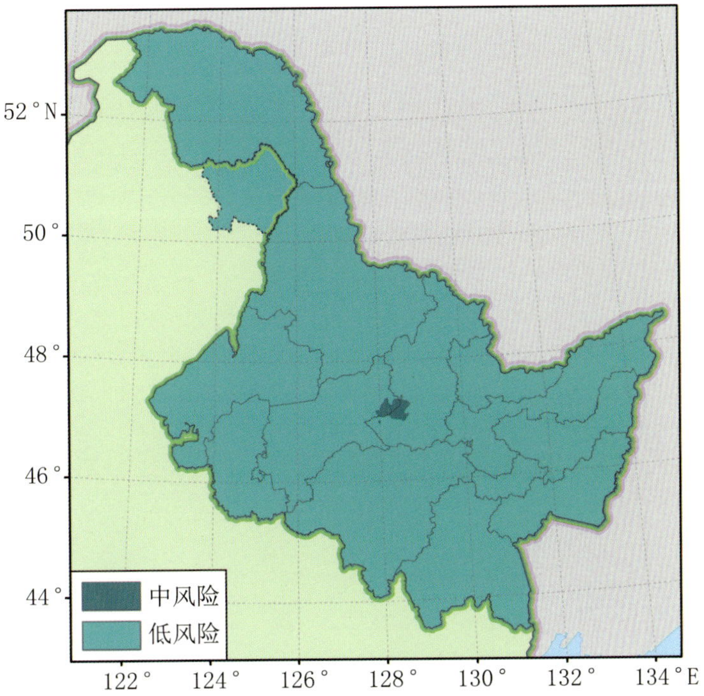

图 7.8　黑龙江省全年寒潮预警风险分布

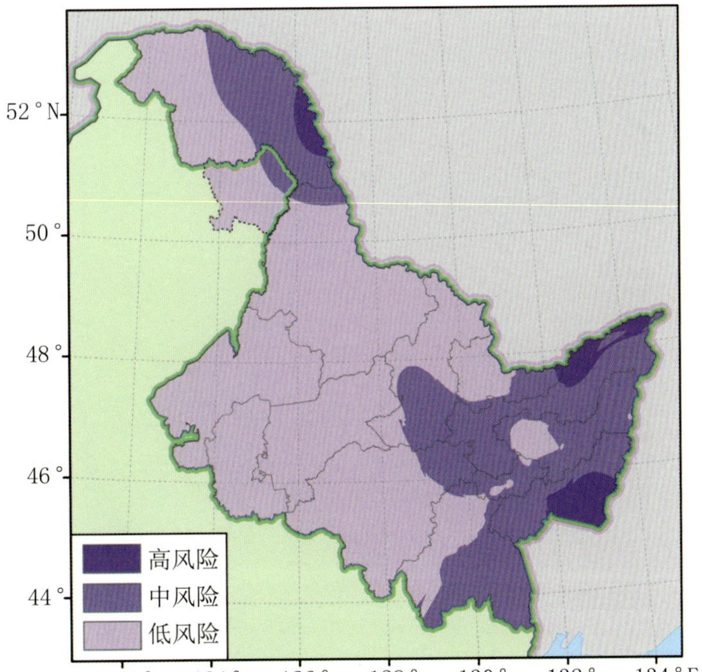

图 7.9　黑龙江省全年雷电预警风险分布

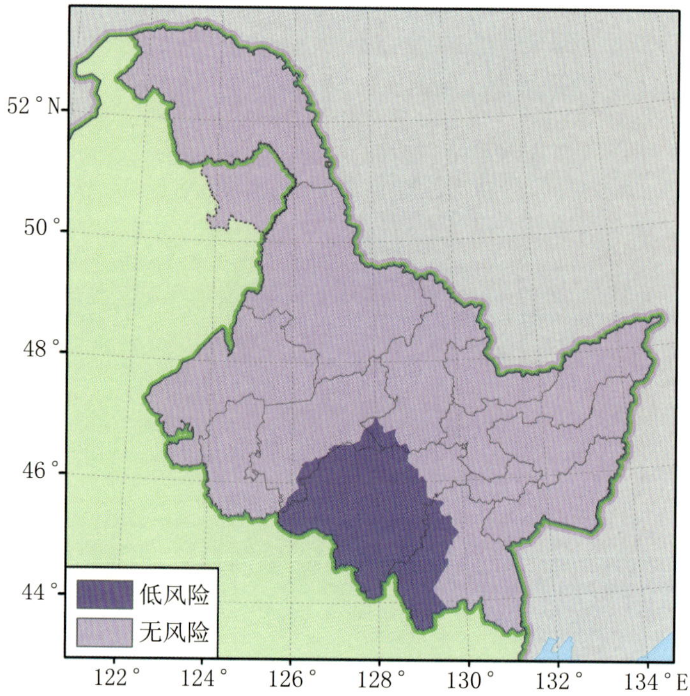

图 7.10　黑龙江省全年雷雨大风预警风险分布

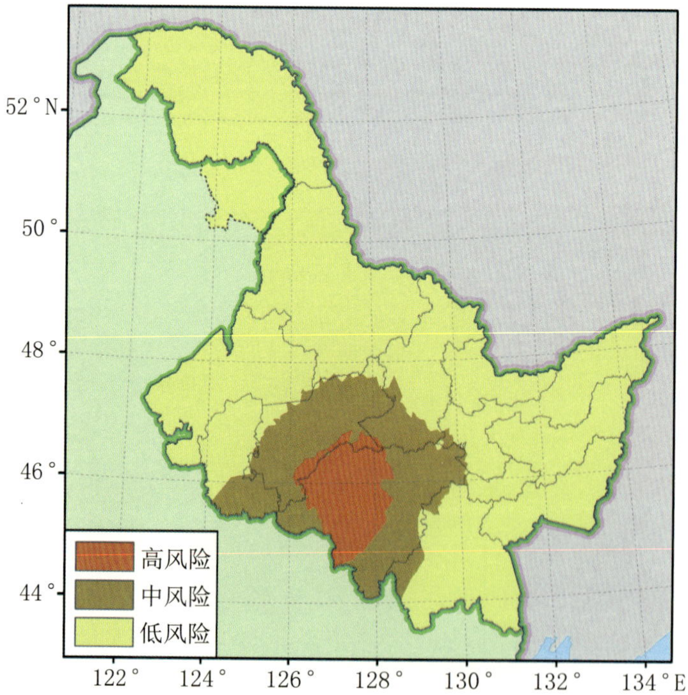

图 7.11　黑龙江省全年雹预警风险分布

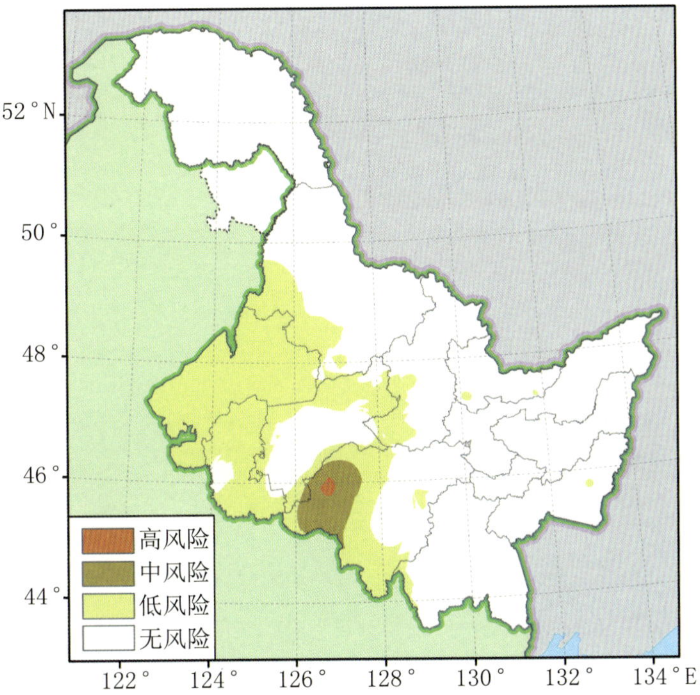

图 7.12　黑龙江省全年沙尘预警风险分布

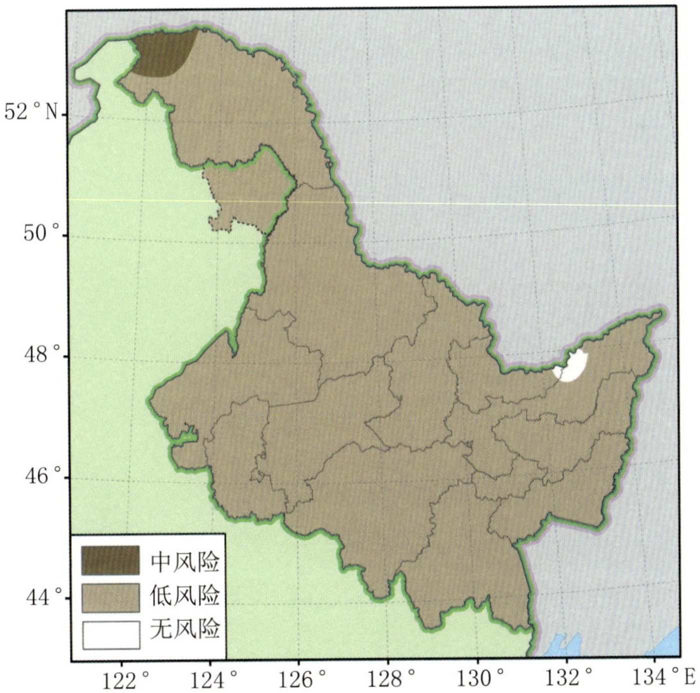

图 7.13　黑龙江省全年霜冻预警风险分布

第 8 章

黑龙江省级联合发布预警分布图

为了最大限度地减轻气象灾害所造成的损失，在突发事件来临前，气象部门会同省内相关厅局共同发布预警信息。地质灾害气象风险预警是黑龙江省自然资源厅和黑龙江省气象局联合发布的预警信息，森林(草原)火险预警是黑龙江省人民政府森林草原防灭火指挥部办公室、省气象局及省林业和草原局联合发布的预警信息，山洪灾害预警是黑龙江省防汛抗旱指挥部办公室、黑龙江省水利厅、黑龙江省气象局联合发布的预警信息，中小河流洪水气象风险预警是黑龙江省防汛抗旱指挥部办公室和黑龙江省水利厅、黑龙江省气象局联合发布的预警信息。由于联合发布的预警与前期气象因素累积的程度有关，因此联合发布的预警用自然断点法来划分，黑龙江省级联合发布预警分布如图8.1～8.4所示。

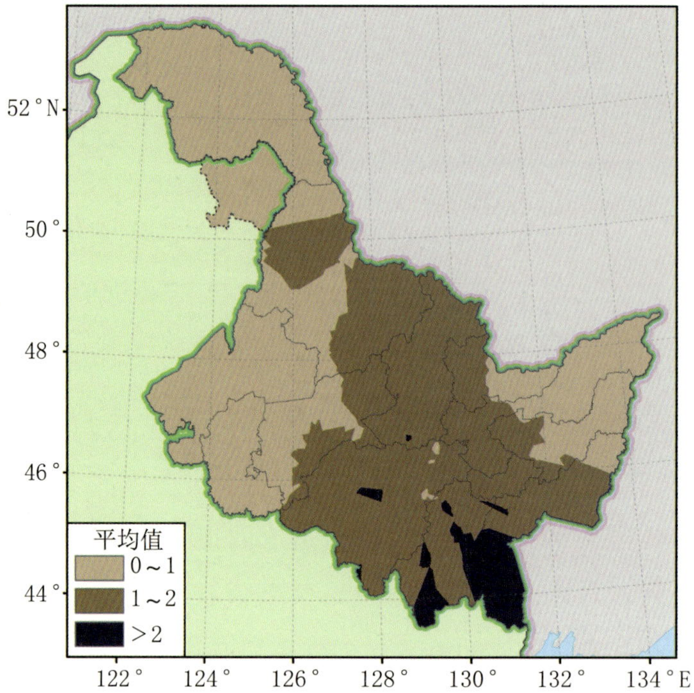

图 8.1　黑龙江省级地质灾害气象风险预警分布

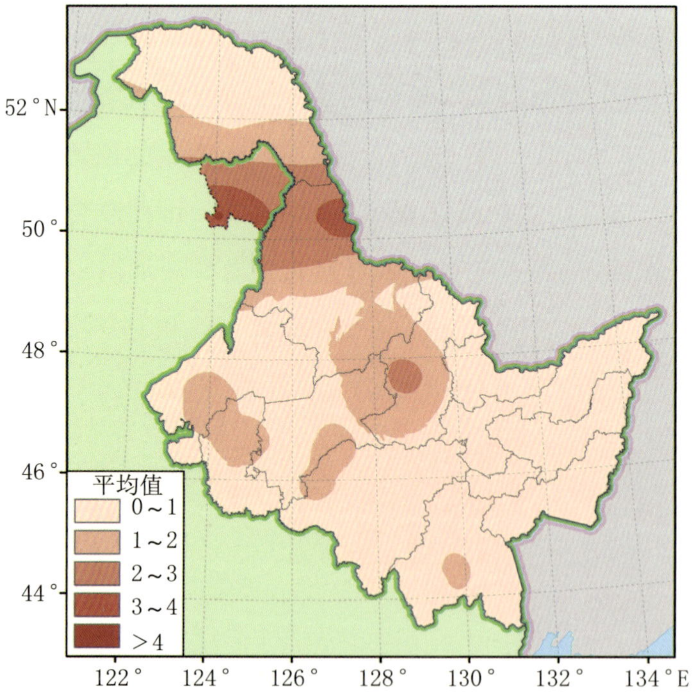

图 8.2　黑龙江省级森林（草原）火险预警分布

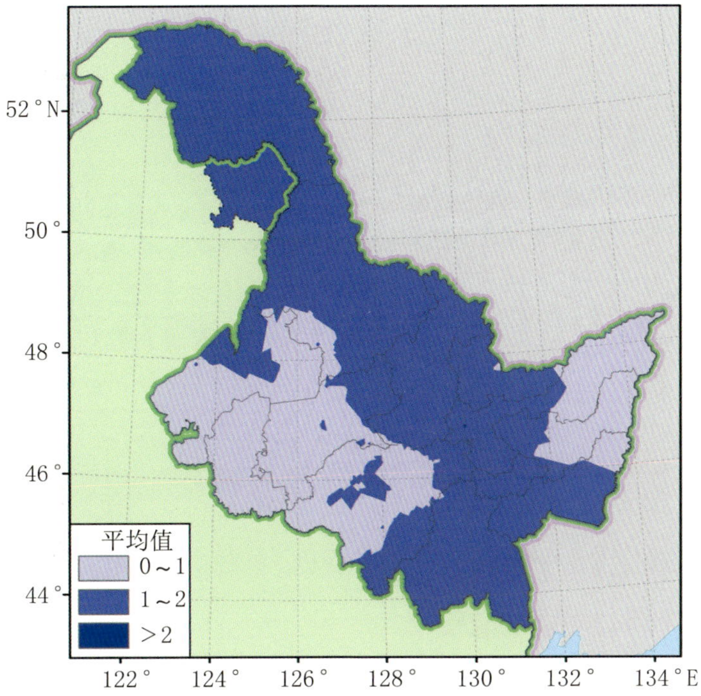

图 8.3　黑龙江省级山洪灾害预警分布

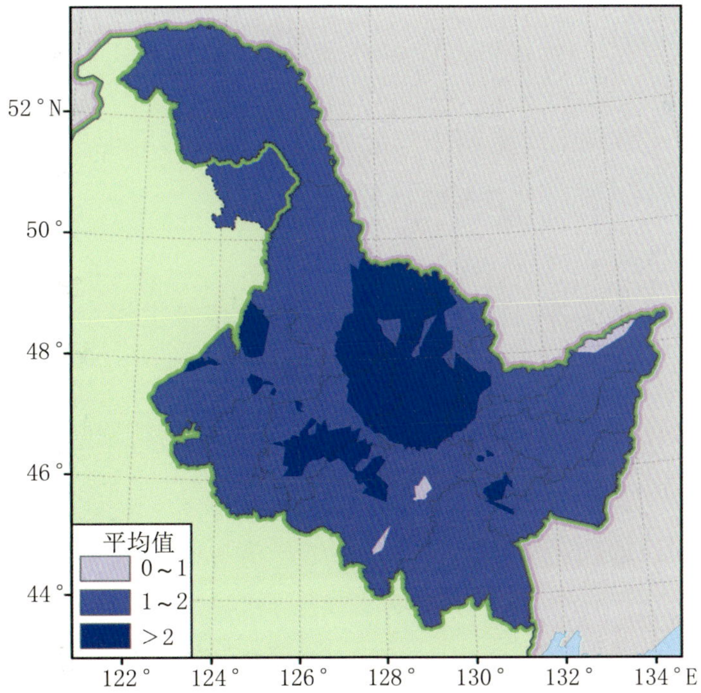

图 8.4　黑龙江省级中小河流洪水气象风险预警分布

附录　黑龙江省气象灾害预警信号发布标准及防御指南

一、台风预警信号

台风预警信号分为4级，分别用蓝色、黄色、橙色和红色表示。

（一）台风蓝色预警信号

1.图标

2.标准

24 h内可能或已经受热带气旋影响，沿海或者陆地平均风力达6级以上，或者阵风8级以上并可能持续。

3.防御指南

(1)政府及相关部门按照职责做好防台风准备工作。

(2)停止露天集体活动和高空等户外危险作业。

(3)相关水域水上作业和过往船舶采取积极的应对措施，如回港避风或者绕道航行等。

(4)加固门窗、围板、棚架、广告牌等易被风吹动的搭建物，切断危险的室外电源。

（二）台风黄色预警信号

1.图标

2.标准

24 h内可能或已经受热带气旋影响,沿海或者陆地平均风力达8级以上,或者阵风10级以上并可能持续。

3.防御指南

(1)政府及相关部门按照职责做好防台风应急准备工作。

(2)停止室内外大型集会和高空等户外危险作业。

(3)相关水域水上作业和过往船舶采取积极的应对措施,加固港口设施,防止船舶走锚、搁浅和碰撞。

(4)加固或者拆除易被风吹动的搭建物,人员切勿随意外出,确保老人和小孩留在家中最安全的地方,危房人员及时转移。

（三）台风橙色预警信号

1.图标

2.标准

12 h内可能或已经受热带气旋影响,沿海或者陆地平均风力达10级以上,或者阵风12级以上并可能持续。

3.防御指南

(1)政府及相关部门按照职责做好防台风抢险应急工作。

(2)停止室内外大型集会,停课、停业(除特殊行业外)。

(3)相关水域水上作业和过往船舶应当回港避风,加固港口设施,防止船舶走锚、搁浅和碰撞。

(4)加固或者拆除易被风吹动的搭建物,人员应当尽可能待在防风安全的地方,当台风中心经过时风力会减小或者静止一段时间,切记强风将会突然吹袭,应当继续留在安全处避风,危房人员及时转移。

(5)相关地区应当注意防范强降水可能引发的山洪、地质灾害。

(四)台风红色预警信号

1.图标

2.标准

6 h内可能或已经受热带气旋影响,沿海或者陆地平均风力达12级以上,或者阵风达14级以上并可能持续。

3.防御指南

(1)政府及相关部门按照职责做好防台风应急和抢险工作。

(2)停止集会、停课、停业(除特殊行业外)。

(3)回港避风的船舶要视情况采取积极措施,妥善安排人员留守或者转移到安全地带。

(4)加固或者拆除易被风吹动的搭建物,人员应当待在防风安全的地方,当台风中心经过时风力会减小或者静止一段时间,切记强风将会突然吹袭,应当继续留在安全处避风,危房人员及时转移。

(5)相关地区应当注意防范强降水可能引发的山洪、地质灾害。

二、暴雨预警信号

暴雨预警信号分为4级,分别用蓝色、黄色、橙色和红色表示。全省按县(市、区)划分为平原和山区(包括易灾区和特殊区域)两类区域,黑龙江省各市(地)分区见附表1。

附表1　黑龙江省各市(地)分区

市（地）	平　原	山　区
哈尔滨市	南岗区、道外区、平房区、松北区、香坊区、道里区	呼兰区、阿城区、双城区、依兰县、方正县、宾县、巴彦县、木兰县、通河县、延寿县、尚志市、五常市
齐齐哈尔市	龙沙区、建华区、铁锋区、昂昂溪区、富拉尔基区、梅里斯达斡尔族区、富裕县、泰来县、依安县	碾子山区、龙江县、甘南县、克山县、克东县、拜泉县、讷河市
牡丹江市	—	爱民区、西安区、东安区、阳明区、林口县、绥芬河市、海林市、宁安市、穆棱市、东宁市
佳木斯市	向阳区、前进区、东风区、抚远市、同江市、富锦市	郊区、桦南县、桦川县、汤原县
绥化市	北林区、兰西县、青冈县、明水县、安达市、肇东市	海伦市、望奎县、绥棱县、庆安县
大兴安岭地区	—	加格达奇区、新林区、松岭区、呼中区、呼玛县、塔河县、漠河市
黑河市	—	爱辉区、嫩江市、逊克县、孙吴县、北安市、五大连池市
伊春市	—	伊美区、乌翠区、友好区、金林区、汤旺县、丰林县、大箐山县、南岔县、嘉荫县、铁力市
鸡西市	—	鸡冠区、恒山区、滴道区、梨树区、城子河区、麻山区、鸡东县、虎林市、密山市

续附表1

市（地）	平　原	山　区
双鸭山市	尖山区、岭东区、宝山区、友谊县	四方台区、集贤县、宝清县、饶河县
鹤岗市	绥滨县	工农区、向阳区、南山区、兴安区、东山区、兴山区、萝北县
七台河市	—	茄子河区、新兴区、桃山区、勃利县
大庆市	萨尔图区、龙凤区、让胡路区、红岗区、大同区、肇州县、肇源县、林甸县、杜尔伯特蒙古族自治县	—

（一）暴雨蓝色预警信号（平原）

1.图标

2.标准

12 h内降雨量将达50 mm以上，或者已出现上述降雨且可能持续。

3.防御指南

(1)政府及相关部门按照职责做好防暴雨准备工作。

(2)中小学校、幼儿园采取适当措施，保证学生和幼儿安全。

(3)驾驶人员应注意道路积水和交通阻塞，避免将车辆停放在低洼易涝等危险区域。

(4)检查排水系统和防洪工程，清除江河沟渠阻水障碍物；低洼地区、地下设施、公共场所做好防范。

(5)公众关注天气预报及雨量变化，避免穿越水浸区域，加强个人防护。

（二）暴雨黄色预警信号（平原）

1.图标

2.标准

6 h内降雨量将达60 mm以上，或者6 h内最大小时雨强将超过40 mm，或者已出现上述降雨且可能持续。

3.防御指南

(1)政府及相关部门做好防暴雨工作，转移危险地带人员和危房居民。

(2)中小学校、幼儿园采取适当措施，保证学生和幼儿安全。视情况暂停户外作业，切断低洼地带有危险的室外电源。

(3)公安交管、交通管理部门根据情况加强交通疏导、引导，车辆选择安全行驶路线，尽量绕开积水路段或就近在安全场地停放。

(4)检查排水系统和防洪工程，清除江河沟渠阻水障碍物，采取必要排涝、防洪措施；低洼地区、地下设施、公共场所做好防范。

(5)公众关注天气预报、雨量变化，避免穿越水浸区域，加强个人防护。

（三）暴雨橙色预警信号（平原）

1.图标

2.标准

3 h内降雨量将达70 mm以上，或者12 h内降雨量将达100 mm以上，或者已出现上述降雨且可能持续。

3.防御指南

(1)政府及相关部门做好防暴雨应急工作，转移危险地带人员和危房居民。

(2)处于危险地带的单位停业停课，切断有危险的室外电源，暂停户外作业。

(3)公安交管、交通管理部门根据路况等在强降雨路段实行强制交通管制，巡查桥涵、路基；车辆选择安全行驶路线，车辆被淹时，驾乘人员迅速离车。

(4)排水系统和防洪工程采取必要排涝、防洪措施，低洼地区、地下设施、公共场所视情况疏散人员；旅游景区采取应急管理措施。

（四）暴雨红色预警信号（平原）

1.图标

2.标准

3 h内降雨量将达100 mm以上，或者已出现上述降雨且可能持续。

3.防御指南

(1)政府及相关部门做好防暴雨应急和抢险工作，及时转移危险区域人员。

(2)除特殊行业外停止集会、停课、停业，切断有危险的室外电源，立即暂停户外作业。

(3)公安交管、交通管理部门应实施交通疏导和管制，封闭危险路段和危险区域。行驶车辆应就近到安全区域暂避，车辆被淹时，驾乘人员迅速离车。

(4)做好内涝、江河洪水、山洪等灾害的防御和抢险工作，巡查加固桥涵、路基、堤坝、水库等。

（五）暴雨蓝色预警信号（山区）

1.图标

2.标准

12 h内降雨量将达50 mm以上，或者已出现上述降雨且可能持续。

3.防御指南

(1)政府及相关部门按照职责做好防暴雨准备工作。

(2)中小学校、幼儿园采取适当措施，保证学生和幼儿安全。

(3)驾驶人员应注意道路积水和交通阻塞，避免将车辆停放在低洼易涝等危险区域。

(4)检查排水系统和防洪工程，清除江河沟渠阻水障碍物，巡查桥涵、路基；低洼地区、地下设施、公共场所做好防范；防范可能引发的山洪灾害。

(5)公众关注天气预报、雨量变化，避免穿越水浸区域，加强个人防护。

（六）暴雨黄色预警信号（山区）

1.图标

2.标准

6 h内降雨量将达50 mm以上，或者6 h内最大小时雨强将超过30 mm，或者已出现上述降雨且可能持续。

3.防御指南

(1)政府及相关部门做好防暴雨工作,转移危险地带人员和危房居民。

(2)中小学校、幼儿园采取适当措施,保证学生和幼儿安全。视情况暂停户外作业,切断低洼地带有危险的室外电源。

(3)公安交管、交通管理部门根据情况加强交通疏导、引导,车辆选择安全行驶路线,尽量绕开积水路段或就近在安全场地停放。

(4)检查排水系统和防洪工程,清除江河沟渠阻水障碍物,巡查桥涵、路基;低洼地区、地下设施、公共场所做好防范;防范可能引发的山洪、泥石流、滑坡等灾害。

(5)公众关注天气预报、雨量变化,避免穿越水浸区域,加强个人防护。

(七)暴雨橙色预警信号(山区)

1.图标

2.标准

3 h内降雨量将达60 mm以上,或者12 h内降雨量将达100 mm以上,或者已出现上述降雨且可能持续。

3.防御指南

(1)政府及相关部门做好防暴雨应急工作,及时转移危险地带人员和危房居民。

(2)处于危险地带的单位停业停课。切断有危险的室外电源,暂停户外作业。

(3)公安交管、交通管理部门根据路况等在强降雨路段实行强制交通管制,巡查加固桥涵、路基;车辆选择安全行驶路线,车辆被淹时,驾乘人员迅速离车。

(4)排水系统和防洪工程采取必要排涝、防洪措施;低洼地区、地下设施、公共场所视情况疏散人员;旅游景区采取应急管理措施,防范可能引发的山洪、泥石流、滑坡等灾害。

(八)暴雨红色预警信号(山区)

1.图标

2.标准

3 h内降雨量将达100 mm以上,或者已出现上述降雨且可能持续。

3.防御指南

(1)政府及相关部门做好防暴雨应急和抢险工作,及时果断转移危险区域人员。

(2)除特殊行业外停课、停业,并停止集会。切断有危险的室外电源,立即暂停户外作业。

(3)公安交管、交通管理部门应实施交通疏导和管制,封闭危险路段和危险区域;行驶车辆应就近到安全区域暂避,车辆被淹时,驾乘人员迅速离车。

(4)做好内涝、江河洪水、山洪、泥石流、滑坡等灾害的防御和抢险工作,巡查加固桥涵、路基、堤坝、水库等。

三、暴雪预警信号

暴雪预警信号分为4级,分别用蓝色、黄色、橙色和红色表示。

(一)暴雪蓝色预警信号

1.图标

2.标准

12 h内降雪量将达5 mm以上,或者已达5 mm以上且降雪持续,可能对交通或者农牧业有影响。

3.防御指南

(1)政府及相关部门按照职责做好防雪灾和防冻害准备工作。

(2)交通、铁路、电力、通信等部门应当进行道路、铁路、线路巡查维护,做好道路清扫和积雪融化工作。

(3)行人注意防寒防滑,驾驶人员小心驾驶,车辆应当采取防滑措施。

(4)农牧区和种养殖业要储备饲料,做好防雪灾和防冻害准备。

(5)加固棚架等易被雪压的临时搭建物。

(二)暴雪黄色预警信号

1.图标

2.标准

12 h内降雪量将达8 mm以上,或者已达8 mm以上且降雪持续,可能对交通或者农牧业有影响。

3.防御指南

(1)政府及相关部门按照职责落实防雪灾和防冻害措施。

(2)交通、铁路、电力、通信等部门应当加强道路、铁路、线路巡查维护,做好道路清扫和积雪融化工作。

(3)行人注意防寒防滑,驾驶人员小心驾驶,车辆应当采取防滑措施。

(4)农牧区和种养殖业要备足饲料,做好防雪灾和防冻害准备。

(5)加固棚架等易被雪压的临时搭建物。

（三）暴雪橙色预警信号

1.图标

2.标准

12 h内降雪量将达12 mm以上，或者已达12 mm以上且降雪持续，可能或者已经对交通或者农牧业有较大影响。

3.防御指南

(1)政府及相关部门按照职责做好防雪灾和防冻害的应急工作。

(2)交通、铁路、电力、通信等部门应当加强道路、铁路、线路巡查维护，做好道路清扫和积雪融化工作。

(3)减少不必要的户外活动。

(4)加固棚架等易被雪压的临时搭建物，将户外牲畜赶入棚圈喂养。

（四）暴雪红色预警信号

1.图标

2.标准

12 h内降雪量将达20 mm以上，或者已达20 mm以上且降雪持续，可能或者已经对交通或者农牧业有较大影响。

3.防御指南

(1)政府及相关部门按照职责做好防雪灾和防冻害的应急与抢险工作。

(2)必要时停课、停业(除特殊行业外)。

(3)必要时飞机暂停起降，火车暂停运行，高速公路暂时封闭。

(4)做好牧区等救灾救济工作。

四、寒潮预警信号

寒潮预警信号分为4级，分别用蓝色、黄色、橙色和红色表示。

（一）寒潮蓝色预警信号

1.图标

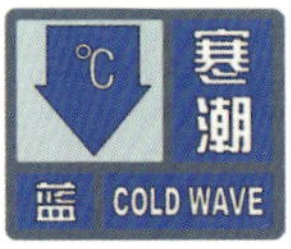

2.标准

48 h内最低气温将要下降8 ℃以上，最低气温小于等于4 ℃；或者已经下降8 ℃以上，最低气温小于等于4 ℃，并可能持续。

3.防御指南

(1)政府及相关部门按照职责做好防寒潮准备工作。

(2)注意添衣保暖。

(3)对农作物、水产品采取一定的防护措施。

（二）寒潮黄色预警信号

1.图标

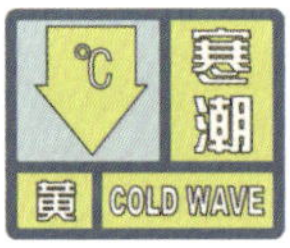

2.标准

24 h内最低气温将要下降10 ℃以上，最低气温小于等于4 ℃；或者已经下降10 ℃以上，最低气温小于等于4 ℃，并可能持续。

3.防御指南

(1)政府及相关部门按照职责做好防寒潮工作。

(2)注意添衣保暖，照顾好老、弱、病人。

(3)对牲畜、家禽和有关水产品、农作物等采取防寒措施。

（三）寒潮橙色预警信号

1.图标

2.标准

24 h内最低气温将要下降12 ℃以上，最低气温小于等于0 ℃；或者已经下降12 ℃以上，最低气温小于等于0 ℃，并可能持续。

3.防御指南

（1）政府及相关部门按照职责做好防寒潮应急工作。

（2）注意防寒保暖。

（3）农业、水产业、畜牧业等要积极采取防霜冻、冰冻等防寒措施，尽量减少损失。

（四）寒潮红色预警信号

1.图标

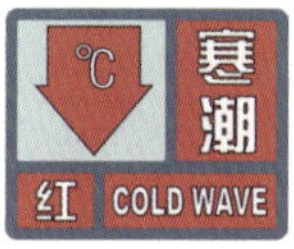

2.标准

24 h内最低气温将要下降16 ℃以上，最低气温小于等于0 ℃；或者已经下降16 ℃以上，最低气温小于等于0 ℃，并可能持续。

3.防御指南

（1）政府及相关部门按照职责做好防寒潮的应急和抢险工作。

（2）注意防寒保暖。

（3）农业、水产业、畜牧业等要积极采取防霜冻、冰冻等防寒措施，尽量减少损失。

五、大风预警信号

大风(除台风外)预警信号分为4级,分别用蓝色、黄色、橙色和红色表示。

(一)大风蓝色预警信号

1.图标

2.标准

24 h内可能受大风影响,平均风力可达6级以上,或阵风7级以上;或者已经受大风影响,平均风力为6～7级,或阵风7～8级并可能持续。

3.防御指南

(1)政府及相关部门按照职责做好防大风工作。

(2)关好门窗,加固围板、棚架、广告牌等易被风吹动的搭建物,妥善安置易受大风影响的室外物品,遮盖建筑物资。

(3)相关水域水上作业和过往船舶采取积极的应对措施,如回港避风或者绕道航行等。

(4)行人注意尽量少骑自行车,刮风时不要在广告牌、临时搭建物等下面逗留。

(5)相关部门和单位注意森林、草原等防火。

(二)大风黄色预警信号

1.图标

2.标准

12 h内可能受大风影响,平均风力可达8级以上,或阵风9级以上;

或者已经受大风影响,平均风力为8～9级,或阵风9～10级并可能持续。

3.防御指南

(1)政府及相关部门按照职责做好防大风工作。

(2)停止露天活动和高空等户外危险作业,危险地带人员和危房居民尽量转到避风场所避风。

(3)相关水域水上作业和过往船舶采取积极的应对措施,加固港口设施,防止船舶走锚、搁浅和碰撞。

(4)切断户外危险电源,妥善安置易受大风影响的室外物品,遮盖建筑物资。

(5)机场、高速公路等单位应当采取保障交通安全的措施,相关部门和单位注意森林、草原等防火。

（三）大风橙色预警信号

1.图标

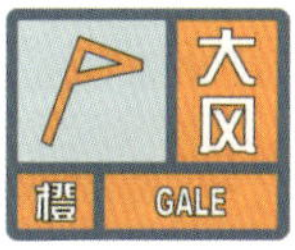

2.标准

6 h内可能受大风影响,平均风力可达10级以上,或阵风11级以上;或者已经受大风影响,平均风力为10～11级,或阵风11～12级并可能持续。

3.防御指南

(1)政府及相关部门按照职责做好防大风应急工作。

(2)房屋抗风能力较弱的中小学校和单位应当停课、停业,人员减少外出。

(3)相关水域水上作业和过往船舶应当回港避风,加固港口设施,防止船舶走锚、搁浅和碰撞。

⑷切断危险电源,妥善安置易受大风影响的室外物品,遮盖建筑物资。

⑸机场、铁路、高速公路、水上交通等单位应当采取保障交通安全的措施,相关部门和单位注意森林、草原等防火。

（四）大风红色预警信号

1.图标

2.标准

6 h内可能受大风影响,平均风力可达12级以上,或阵风13级以上;或者已经受大风影响,平均风力为12级以上,或阵风13级以上并可能持续。

3.防御指南

⑴政府及相关部门按照职责做好防大风应急和抢险工作。

⑵人员应当尽可能停留在防风安全的地方,不要随意外出。

⑶回港避风的船舶要视情况采取积极措施,妥善安排人员留守或者转移到安全地带。

⑷切断危险电源,妥善安置易受大风影响的室外物品,遮盖建筑物资。

⑸机场、铁路、高速公路、水上交通等单位应当采取保障交通安全的措施,相关部门和单位注意森林、草原等防火。

六、沙尘暴预警信号

沙尘暴预警信号分为3级,分别用黄色、橙色和红色表示。

（一）沙尘暴黄色预警信号

1.图标

2.标准

12 h内可能出现沙尘暴天气(能见度小于1 000 m),或者已经出现沙尘暴天气并可能持续。

3.防御指南

(1)政府及相关部门按照职责做好防沙尘暴工作。

(2)关好门窗,加固围板、棚架、广告牌等易被风吹动的搭建物,妥善安置易受大风影响的室外物品,遮盖建筑物资,做好精密仪器的密封工作。

(3)注意携带口罩、纱巾等防尘用品,以免沙尘对眼睛和呼吸道造成损伤。

(4)呼吸道疾病患者、对风沙较敏感人员不要到户外活动。

(二)沙尘暴橙色预警信号

1.图标

2.标准

6 h内可能出现强沙尘暴天气(能见度小于500 m),或者已经出现强沙尘暴天气并可能持续。

3.防御指南

(1)政府及相关部门按照职责做好防沙尘暴应急工作。

(2)停止露天活动和高空、水上等户外危险作业。

(3)机场、铁路、高速公路等单位做好交通安全的防护措施,驾驶人员注意沙尘暴变化,小心驾驶。

(4)行人注意尽量少骑自行车,户外人员应当戴好口罩、纱巾等防尘用品,注意交通安全。

（三）沙尘暴红色预警信号

1.图标

2.标准

6 h内可能出现特强沙尘暴天气(能见度小于50 m)，或者已经出现特强沙尘暴天气并可能持续。

3.防御指南

(1)政府及相关部门按照职责做好防沙尘暴应急抢险工作。

(2)人员应当留在防风、防尘的地方，不要在户外活动。

(3)学校、幼儿园推迟上学或者停课，直至特强沙尘暴结束。

(4)飞机暂停起降，火车暂停运行，高速公路暂时封闭。

七、高温预警信号

高温预警信号分为3级，分别用黄色、橙色和红色表示。

（一）高温黄色预警信号

1.图标

2.标准

连续三天日最高气温将在35 ℃以上。

3.防御指南

(1)相关部门和单位按照职责做好防暑降温准备工作。

(2)午后尽量减少户外活动。

(3)对老、弱、病、幼人群提供防暑降温指导。

(4)高温条件下作业和白天需要长时间进行户外露天作业的人员应

当采取必要的防护措施。

（二）高温橙色预警信号

1.图标

2.标准

24 h内最高气温将升至37 ℃以上。

3.防御指南

(1)相关部门和单位按照职责落实防暑降温保障措施。

(2)尽量避免在高温时段进行户外活动，高温条件下作业的人员应当缩短连续工作时间。

(3)对老、弱、病、幼人群提供防暑降温指导，并采取必要的防护措施。

(4)相关部门和单位应当注意防范因用电量过高，以及电线、变压器等电力负载过大而引发的火灾。

（三）高温红色预警信号

1.图标

2.标准

24 h内最高气温将升至40 ℃以上。

3.防御指南

(1)相关部门和单位按照职责采取防暑降温应急措施。

(2)停止户外露天作业(除特殊行业外)。

(3)对老、弱、病、幼人群采取保护措施。

(4)相关部门和单位要特别注意防火。

八、干旱预警信号

干旱预警信号分为2级，分别用橙色、红色表示。干旱指标等级划分，以国家标准《气象干旱等级》(GB/T 20481—2006)中的综合气象干旱指数为标准。

(一) 干旱橙色预警信号

1.图标

2.标准

预计未来一周综合气象干旱指数达到重旱(气象干旱为25～50年一遇)，或者某一县(区)有40%以上的农作物受旱。

3.防御指南

(1)相关部门和单位按照职责做好防御干旱的应急工作。

(2)相关部门启用应急备用水源，调度辖区内一切可用水源，优先保障城乡居民生活用水和牲畜饮水。

(3)压减城镇供水指标，优先经济作物灌溉用水，限制大量农业灌溉用水。

(4)限制非生产性高耗水及服务业用水，限制排放工业污水。

(5)气象部门适时进行人工增雨作业。

(二) 干旱红色预警信号

1.图标

2.标准

预计未来一周综合气象干旱指数达到特旱(气象干旱为50年以上一遇)，或者某一县(区)有60%以上的农作物受旱。

3.防御指南

(1)相关部门和单位按照职责做好防御干旱的应急和救灾工作。

(2)各级政府和相关部门启动远距离调水等应急供水方案，采取提外水、打深井、车载送水等多种手段，确保城乡居民生活用水和牲畜饮水。

(3)限时或者限量供应城镇居民生活用水，缩小或者阶段性停止农业灌溉供水。

(4)严禁非生产性高耗水及服务业用水，暂停排放工业污水。

(5)气象部门适时加大人工增雨作业力度。

九、雷电预警信号

雷电预警信号分为3级，分别用黄色、橙色和红色表示。

(一)雷电黄色预警信号

1.图标

2.标准

6 h内可能发生雷电活动，可能会造成雷电灾害事故。

3.防御指南

(1)政府及相关部门按照职责做好防雷工作。

(2)密切关注天气，尽量避免户外活动。

(二)雷电橙色预警信号

1.图标

2.标准

2 h内发生雷电活动的可能性很大，或者已经受雷电活动影响，且可能持续，出现雷电灾害事故的可能性比较大。

3.防御指南

(1)政府及相关部门按照职责落实防雷应急措施。

(2)人员应当留在室内，并关好门窗。

(3)户外人员应当躲入有防雷设施的建筑物或者汽车内。

(4)切断危险电源，不要在树下、电杆下、塔吊下避雨。

(5)在空旷场地不要打伞，不要把农具、羽毛球拍、高尔夫球杆等扛在肩上。

（三）雷电红色预警信号

1.图标

2.标准

2 h内发生雷电活动的可能性非常大，或者已经有强烈的雷电活动发生，且可能持续，出现雷电灾害事故的可能性非常大。

3.防御指南

(1)政府及相关部门按照职责做好防雷应急抢险工作。

(2)人员应当尽量躲入有防雷设施的建筑物或者汽车内，并关好门窗。

(3)切勿接触天线、水管、铁丝网、金属门窗、建筑物外墙，远离电线等带电设备和其他类似金属装置。

(4)尽量不要使用无防雷装置或者防雷装置不完备的电视、电话等电器。

(5)密切注意雷电预警信息的发布。

十、冰雹预警信号

冰雹预警信号分为2级，分别用橙色、红色表示。

（一）冰雹橙色预警信号

1. 图标

2. 标准

6 h内可能出现冰雹天气，并可能造成雹灾。

3. 防御指南

(1) 政府及相关部门按照职责做好防冰雹的应急工作。

(2) 气象部门做好人工防雹作业准备并择机进行作业。

(3) 户外行人立即到安全的地方暂避。

(4) 驱赶家禽、牲畜进入有顶蓬的场所，妥善保护易受冰雹袭击的汽车等室外物品或设备。

(5) 注意防御冰雹天气伴随的雷电灾害。

（二）冰雹红色预警信号

1. 图标

2. 标准

2 h内出现冰雹可能性极大，并可能造成重雹灾。

3. 防御指南

(1) 政府及相关部门按照职责做好防冰雹的应急和抢险工作。

(2) 气象部门适时开展人工防雹作业。

(3) 户外行人立即到安全的地方暂避。

(4) 驱赶家禽、牲畜进入有顶蓬的场所，妥善保护易受冰雹袭击的汽车等室外物品或设备。

(5)注意防御冰雹天气伴随的雷电灾害。

十一、雷雨大风预警信号

雷雨大风预警信号分为3级，分别用黄色、橙色和红色表示。

（一）雷雨大风黄色预警信号

1.图标

2.标准

6 h内可能受雷雨大风影响，阵风8级以上并伴有雷电；或者已经受雷雨大风影响，或阵风8～9级并伴有雷电，且可能持续。

3.防御指南

(1)做好防风、防雷电准备。

(2)注意有关媒体报道的雷雨大风最新消息和有关防风通知，学生停留在安全地方。

(3)把门窗、围板、棚架、临时搭建物等易被风吹动的搭建物固紧，人员应当尽快离开临时搭建物，妥善安置易受雷雨大风影响的室外物品。

（二）雷雨大风橙色预警信号

1.图标

2.标准

6 h内可能受雷雨大风影响，阵风10级以上并伴有强雷电；或者已经受雷雨大风影响，阵风10～11级并伴有强雷电，且可能持续。

3.防御指南

(1)做好防风、防雷电准备。

(2)注意有关媒体报道的雷雨大风最新消息和有关防风通知,学生停留在安全地方。

(3)把门窗、围板、棚架、临时搭建物等易被风吹动的搭建物固紧,人员应当尽快离开临时搭建物,妥善安置易受雷雨大风影响的室外物品。

(4)妥善保管易受雷击的贵重电器设备,断电后放到安全的地方。

(5)危险地带和危房的居民,以及船舶应到避风场所避风,千万不要在树下、电杆下、塔吊下避雨,出现雷电时应当关闭手机。

(6)切断霓虹灯招牌及危险的室外电源。

(7)停止露天集体活动,立即疏散人员。

(8)高空、水上等户外作业人员停止作业。

(三)雷雨大风红色预警信号

1.图标

2.标准

2 h内可能受雷雨大风影响,阵风可达12级以上并伴有强雷电;或者已经受雷雨大风影响,阵风为12级以上并伴有强雷电,且可能持续。

3.防御指南

(1)进入特别紧急防风状态。

(2)相关应急处置部门和抢险单位随时准备启动抢险应急方案。

(3)注意有关媒体报道的雷雨大风最新消息和有关防风通知,学生停留在安全地方。

(4)把门窗、围板、棚架、临时搭建物等易被风吹动的搭建物固紧，人员应当尽快离开临时搭建物，妥善安置易受雷雨大风影响的室外物品。

(5)妥善保管易受雷击的贵重电器设备，断电后放到安全的地方。

(6)危险地带和危房的居民，以及船舶应到避风场所避风，千万不要在树下、电杆下、塔吊下避雨，出现雷电时应当关闭手机。

(7)切断霓虹灯招牌及危险的室外电源。

(8)停止露天集体活动，立即疏散人员。

(9)高空、水上等户外作业人员停止作业。

(10)人员切勿外出，确保留在最安全的地方。

(11)加固港口设施，防止船只走锚和碰撞。

十二、霜冻预警信号

霜冻预警信号分为3级，分别用蓝色、黄色和橙色表示。

(一)霜冻蓝色预警信号

1.图标

2.标准

48 h内地面最低温度将要下降到0 ℃以下，对农业将产生影响；或者已经降到0 ℃以下，对农业已经产生影响，并可能持续。

3.防御指南

(1)政府及农林主管部门按照职责做好防霜冻准备工作。

(2)对农作物、蔬菜、花卉、瓜果、林业育种要采取一定的防护措施。

(3)农村基层组织和农户要关注当地霜冻预警信息，以便采取措施加强防护。

（二）霜冻黄色预警信号

1.图标

2.标准

24 h时内地面最低温度将要下降到 −3 ℃以下，对农业将产生严重影响；或者已经降到 −3 ℃以下，对农业已经产生严重影响，并可能持续。

3.防御指南

(1)政府及农林主管部门按照职责做好防霜冻应急工作。

(2)农村基层组织要广泛发动群众，防灾抗灾。

(3)对农作物、林业育种要积极采取田间灌溉等防霜冻、冰冻措施，尽量减少损失。

(4)对蔬菜、花卉、瓜果要采取覆盖、喷洒防冻液等措施，减轻冻害。

（三）霜冻橙色预警信号

1.图标

2.标准

24 h内地面最低温度将要下降到 −5 ℃以下，对农业将产生严重影响；或者已经降到 −5 ℃以下，对农业已经产生严重影响，并将持续。

3.防御指南

(1)政府及农林主管部门按照职责做好防霜冻应急工作。

(2)农村基层组织要广泛发动群众，防灾抗灾。

(3)对农作物、蔬菜、花卉、瓜果、林业育种要采取积极的应对措施，尽量减少损失。

十三、大雾预警信号

大雾预警信号分为3级,分别用黄色、橙色和红色表示。

(一)大雾黄色预警信号

1.图标

2.标准

12 h内可能出现能见度小于500 m的雾,或者已经出现能见度小于500 m、大于等于200 m的雾并将持续。

3.防御指南

(1)相关部门和单位按照职责做好防雾准备工作。

(2)机场、高速公路、轮渡码头等单位加强交通管理,保障安全。

(3)驾驶人员注意雾的变化,小心驾驶。

(4)户外活动注意安全。

(二)大雾橙色预警信号

1.图标

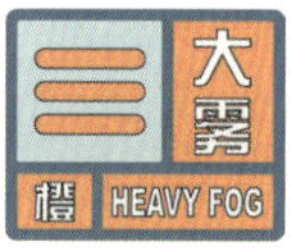

2.标准

6 h内可能出现能见度小于200 m的雾,或者已经出现能见度小于200 m、大于等于50 m的雾并将持续。

3.防御指南

(1)相关部门和单位按照职责做好防雾工作。

(2)机场、高速公路、轮渡码头等单位加强调度指挥。

(3)驾驶人员必须严格控制车、船的行进速度。

(4)减少户外活动。

（三）大雾红色预警信号

1.图标

2.标准

2 h内可能出现能见度小于50 m的雾，或者已经出现能见度小于50 m的雾并将持续。

3.防御指南

(1)相关部门和单位按照职责做好防雾应急工作。

(2)相关单位按照行业规定适时采取交通安全管制措施，如机场暂停飞机起降、高速公路暂时封闭、轮渡暂时停航等。

(3)驾驶人员根据雾天行驶规定，采取雾天预防措施，根据环境条件采取合理行驶方式，并尽快寻找安全停放区域停靠。

(4)不要进行户外活动。

十四、霾预警信号

霾预警信号分为3级，分别用黄色、橙色和红色表示，分别对应预报等级用语的中度霾、重度霾和严重霾。

（一）霾黄色预警信号

1.图标

2.标准

预计未来24 h内可能出现下列条件之一并将持续，或者实况已达到下列条件之一并可能持续：

(1)能见度小于3 000 m且相对湿度小于80%的霾。

(2)能见度小于3 000 m且相对湿度大于等于80%，PM2.5浓度大于115 μg/m^{3}且小于等于150 μg/m^{3}的霾。

(3)能见度小于5 000 m，PM2.5浓度大于150 μg/m^{3}且小于等于250 μg/m^{3}的霾。

3.防御指南

(1)空气质量明显降低，人员需适当防护。

(2)一般人群适量减少户外活动，儿童、老人及易感人群应减少外出。

(二)霾橙色预警信号

1.图标

2.标准

预计未来24 h内可能出现下列条件之一并将持续，或者实况已达到下列条件之一并可能持续：

(1)能见度小于2 000 m且相对湿度小于80%的霾。

(2)能见度小于2 000 m且相对湿度大于等于80%，PM2.5浓度大于150 μg/m^{3}且小于等于250 μg/m^{3}的霾。

(3)能见度小于5 000 m，PM2.5浓度大于250 μg/m^{3}且小于等于500 μg/m^{3}的霾。

3.防御指南

(1)空气质量差，人员需适当防护。

(2)一般人群减少户外活动，儿童、老人及易感人群应尽量避免外出。

（三）霾红色预警信号

1. 图标

2. 标准

预计未来24 h内可能出现下列条件之一并将持续，或者实况已达到下列条件之一并可能持续：

（1）能见度小于1 000 m且相对湿度小于80%的霾。

（2）能见度小于1 000 m且相对湿度大于等于80%，PM2.5浓度大于250 $\mu g/m^3$且小于等于500 $\mu g/m^3$的霾。

（3）能见度小于5 000 m，PM2.5浓度大于500 $\mu g/m^3$的霾。

3. 防御指南

（1）政府及相关部门按照职责采取相应措施，控制污染物排放。

（2）空气质量很差，人员需加强防护。

（3）一般人群避免户外活动，儿童、老人及易感人群应当留在室内。

（4）机场、高速公路、轮渡码头等单位加强交通管理，保障安全。

（5）驾驶人员谨慎驾驶。

十五、道路冰雪预警信号

道路冰雪预警信号分为3级，分别用黄色、橙色和红色表示。

（一）道路冰雪黄色预警信号

1. 图标

2. 标准

24 h内路表温度低于0 ℃，有雨雪天气，将出现道路结冰或积雪，对交通有一定影响。

3.防御指南

(1)交通、公安等部门要按照职责做好道路结冰或积雪的应对准备工作。

(2)驾驶人员应当注意路况,安全行驶。

(3)行人外出尽量少骑自行车,注意防滑。

(二)道路冰雪橙色预警信号

1.图标

2.标准

24 h内路表温度低于0 ℃,有雨雪天气,将出现较重道路结冰或积雪,对交通有较大影响。

3.防御指南

(1)交通、公安等部门要按照职责做好道路结冰或积雪的应急工作。

(2)驾驶人员必须采取防滑措施,听从指挥,慢速行使。

(3)行人出门注意防滑。

(三)道路冰雪红色预警信号

1.图标

2.标准

12 h内路表温度低于0 ℃,有雨雪天气,将出现严重道路结冰或积雪,对交通有很大影响。

3.防御指南

(1)交通、公安等部门做好道路结冰或积雪的应急和抢险工作。

(2)交通、公安等部门注意指挥和疏导行驶车辆,必要时关闭相关道路交通。

(3)人员尽量减少外出。

十六、严寒预警信号

严寒预警信号分为4级,分别用蓝色、黄色、橙色和红色表示。

(一)严寒蓝色预警信号

1.图标

2.标准

24 h内最低气温将要下降到零下-35 ℃以下。

3.防御指南

(1)政府及相关部门按照职责做好防严寒应对工作。

(2)交通、铁路、电力、通信、供热、供排水等部门加强巡查维护,供暖单位加强供热力度。

(3)公众注意添衣保暖、防范冻伤,驾驶人员注意车辆电量情况。

(4)农牧区和种养殖业储备饲料,采取防寒保暖措施。

注意:各单位可根据防灾减灾需求选择性发布严寒蓝色预警信号。

(二)严寒黄色预警信号

1.图标

2.标准

24 h内日最低气温将要下降到-40 ℃以下。

3.防御指南

(1)政府及相关部门按照职责做好防严寒应对工作。

(2)交通、铁路、电力、通信、供热、供排水等部门加强巡查维护，供暖单位加强供热力度。

(3)公众注意添衣保暖、防范冻伤、减少出行，驾驶人员小心驾驶，注意车辆电量情况。

(4)农牧区和种养殖业储备饲料等，加强防寒保暖。

（三）严寒橙色预警信号

1.图标

2.标准

24 h内日最低气温将要下降到-45 ℃以下。

3.防御指南

(1)政府及相关部门按照职责做好防严寒应急和抢险准备工作。

(2)交通、铁路、电力、通信、供热、供排水等部门加强巡查维护，供暖单位加强供热力度。

(3)公众注意添衣保暖、防范冻伤，非必要不出门，储备物资，必要时幼儿园、中小学校停课，驾驶人员小心驾驶，注意车辆电量情况。

(4)农牧区和种养殖业备足饲料等，加强防寒保暖。

（四）严寒红色预警信号

1.图标

2.标准

24 h内日最低气温将下降到−50 ℃以下。

3.防御指南

（1）政府及相关部门按照职责做好防严寒应急和抢险准备工作。

（2）交通、铁路、电力、通信、供热、供排水等部门加强巡查维护，供暖单位加强供热力度。

（3）公众注意添衣保暖、防范冻伤，非必要不出门，备足物资，幼儿园、中小学校停课，驾驶人员小心驾驶，注意车辆电量情况。

（4）农牧区和种养殖业备足饲料等，加强防寒保暖。

参考文献

[1] 马丽娟，袁佳双，黄磊. 联合国全民早期预警目标下中国气候风险管理前景分析[J]. 气候变化研究进展，2024(1)：48-61.

[2] 刘颖杰，周馥荔，曹之玉，等. 联合国全民早期预警行动计划进展[J]. 气候变化研究进展，2023(4)：530-540.

[3] 周月华，彭涛，史瑞琴. 我国暴雨洪涝灾害风险评估研究进展[J]. 暴雨灾害，2019(5)：494-501.

[4] 国家气候中心. 中国气候公报 [R/OL]. 2022 [2023-06-02]. https://www.cma.gov.cn/zfxxgk/gknr/qxbg/202303/P020230712369377066477.pdf.

[5] 陈农，闫敏慧. 黑龙江省旅游气象资源评估与服务[M]. 北京：气象出版社，2023.

[6] 周勇，杨波，唐伟，等. 面向公共安全的气象监测预报预警软件发展综述[J]. 中国安全科学学报，2022(9)：76-85.

[7] 吕明辉，李焕连，成秀虎，等. 气象灾害预警与评估的研究及实践[J]. 气象科技进展，2021(4)：183-185.